드론개발자 필수교재

FUNFUN 한 DRONES

D.B.Info

드론 전자기초에서 FC 프로그래밍까지!!

이 용 승

서 문

저자의 경우 단순한 호기심에서 시작되었던 드론 개발이 지금은 가장 잘 할 수 있는 직업이 되었다.

하늘을 자유자재로 날 수 있는 UFO를 만들겠다며 무작정 시작한 드론 개발이었다. 사전 지식도 없고 자료도 없던 시절, 머릿속 상상을 하나, 둘 끄집어내기 시작했다. 놀이터에 앉아 시소를 타는 아이들을 보면서 드론 좌, 우 밸런스 제어를 구상했고, 그 제어장치가 지금의 테스트 지그이자 드론 개발의 시작이었다.

하지만 한 가족의 가장으로 경제적인 부분을 해결하지 못하면 안 되기 때문에 전자기판 납땜도 서슴지 않았던 기억이 난다. 일거리를 얻기 위해 전자 부품 제조공장 앞을 서성이던 모습, 잡상인 취급을 받아 경비원에게 쫓겨나던 기억…….

이런저런 우여곡절을 겪으면서도 머릿속 생각은 하나였다.

'시간이 걸리더라도 반드시 해낸다'

절실함이 없었다면 불가능한 일이었고, 목표가 없었다면 도전하지 않았을 것이다. 결국 나는 2년 만에 드론을 개발하게 되었다. 그 해가 2006년 봄이었다.

이 책의 특징

저자는 이 책에서 드론의 기본적인 개요, 구성, 역사 등의 일반적인 텍스트 내용은 기술하지 않았다. 왜냐하면, 그런 보편적인 내용은 이미 구글링을 해도 수많은 데이터를 얻을 수 있기 때문이다.

드론의 외적인 운용보다는 드론 내부의 프로세스의 흐름과 전자 부품, 회로, 인터페이스를 통한 자신만의 드론 제작과 개발에 초점을 맞추었다.

드론의 핵심인 FC(Flight controller)를 충분히 설계, 제작할 수 있는 자료를 담았다.

행여나 부족한 내용이나 질문이 있다면 메일로 독자들과 만나고 싶다.

사랑하는 아내 우경에게 바친다.

목 차

Chapter 01

드론 전자회로 부품 회로란?

드론을 제작하다 보면, 스스로 하나씩 문제를 해결하려 한다.
그러다 보면 드론 내부를 알고 싶어 한다. 이 책은 그런 문제를 해결하기 위해서
필자가 겪은 답답함을 해소하기 위해 기본에 충실하려 한다.
처음엔 드론을 구매해서 날리고 흥미를 느끼게 되지만 점점 드론을 관리, 운용하다 보면
새로운 시스템과 융합, 접목하게 되는 시점이 온다
하지만, 쉽게 드론의 정보를 얻을 수 없고 검색의 한계에 부딪히게 된다.
드론을 이해하기 위해서는 드론에 내장된 회로와 부품들을 먼저 이해해야 한다.
전자를 전공했던 사람들은 이해가 쉽겠지만 그렇지 못한 경우는
대부분 검색을 통해서 정보를 획득한다.
본 책에서는 일반적인 드론 책자와는 달리, 드론의 역사나 개요, 구성 등의
기본적인 시선에서 탈피해서 실무 드론 엔지니어에게 필요한 드론 전자 부품,
회로를 이해하고, 드론을 PC와 연동하여 설정하고, 나아가 자신만의 FC를
프로그래밍 할 수 있는 능력을 키우도록 도와주게 될 것이다.
프로그래밍은 전문가의 영역이라고 생각할 수도 있지만,
처음 시작하는 방법을 몰라서 포기하는 경우가 많다.
오픈소스(Open source)가 많고 다양한 드론 플랫폼이 출시되고 있지만,
다른 나라와 경쟁할 수 있는 기초기술이 확보된다면
머지않은 미래에는 드론과 로봇이 융합되는 기술을 선점할 수 있는
초석이 될 것이라고 확신한다.
작은 호기심에서 멋진 전문가가 되는 그 날까지
여러분의 도전에 뜨거운 성원과 박수를 보내고 싶다.
본 장에서는 드론에 필요한 부품과 회로를 예로 들어 설명하기로 한다.

1

전자 부품

1-1 기본 전자 부품

전자 부품에는 크게 Active Element(능동 소자)와 Passive Element(수동 소자)로 구분한다. 능동 소자는 작은 신호(전력, 전압, 전류 중 하나)를 넣어 큰 출력 신호로 변화시킬 수 있는 소자이다. 입력과 출력의 비율로 이득을 얻는다. 대표적인 부품으로는 연산증폭기, 다이오드(모든 다이오드가 아니라, 터널 다이오드나 발광 다이오드같이 부성저항 특성을 띠는 다이오드만), 트랜지스터, 진공관 등이 있다. 수동 소자(passive element, passive component)는 공급된 전력을 소비 · 축적 · 방출하는 소자로, 증폭 정류 등의 능동적 기능을 가지지 않는 소자로 전자 소자, 저항기, 콘덴서, 인덕터, 트랜스, 릴레이 등이 있다.

1-1-1 저항

저항은 거의 모든 전자제품에 기본적으로 들어가는 부품이다. 옴의 법칙(V = IR, 전압 = 전류 x 저항)에 따라 전압 및 전류를 조절하는 역할을 하게 된다. 용도에 따라 매우 다양한 저항들이 있는데 이 색상표는 일반적인 저항인 고정저항 또는 막대 저항이라고 불리는 저항의 값을 읽을 때 쓰이는 것이다. 저항은 전자회로에서 다음과 같이 표시된다.

R

위와 같은 기호로 표시되고 Resistor의 약자인 R로 표기한다. 저항이 여러 개 있을 경우 R1, R2 방식으로 표시를 해주기도 한다. 저항값의 단위는 옴(Ω)을 사용한다.

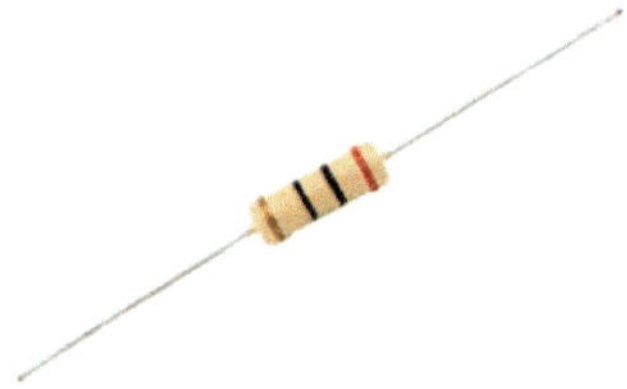

실제 저항 모습

저항의 값은 커질수록 전류를 흐르지 못하게 제한한다. 저항을 보면 위와 같이 표면에 갖가지 색상의 띠가 있다. 바로 이것을 가지고 저항의 값을 판단한다.

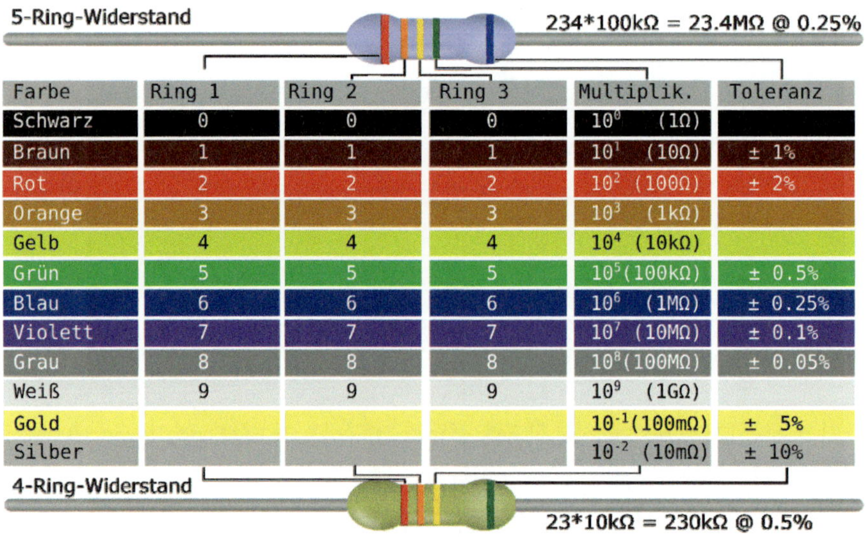

5-Ring-Widerstand 234*100kΩ = 23.4MΩ @ 0.25%

Farbe	Ring 1	Ring 2	Ring 3	Multiplik.	Toleranz
Schwarz	0	0	0	10^0 (1Ω)	
Braun	1	1	1	10^1 (10Ω)	± 1%
Rot	2	2	2	10^2 (100Ω)	± 2%
Orange	3	3	3	10^3 (1kΩ)	
Gelb	4	4	4	10^4 (10kΩ)	
Grün	5	5	5	10^5 (100kΩ)	± 0.5%
Blau	6	6	6	10^6 (1MΩ)	± 0.25%
Violett	7	7	7	10^7 (10MΩ)	± 0.1%
Grau	8	8	8	10^8 (100MΩ)	± 0.05%
Weiß	9	9	9	10^9 (1GΩ)	
Gold				10^{-1} (100mΩ)	± 5%
Silber				10^{-2} (10mΩ)	± 10%

4-Ring-Widerstand 23*10kΩ = 230kΩ @ 0.5%

저항 색상표

위의 표를 보면 검은색은 0, 갈색은 1, 빨간색은 2……, 흰색은 9까지 색상에 번호를 매겨 놓았다. 바로 이것으로 저항의 값을 알 수 있다.

빨간색	2
빨간색	2
갈색	1
금색	오차범위

저항 색상으로 저항 값 읽기

위에서 예를 들었던 저항의 경우 색 띠가 4개 있는 220Ω의 저항이다. 첫 번째 띠의 색은 빨간색, 두 번째도 빨간색, 세 번째는 갈색, 네 번째는 금색이다.

첫 번째, 빨간색에 해당하는 숫자는 2이다.
두 번째, 빨간색에 해당하는 숫자도 물론 2이다.
세 번째, 갈색은 0의 개수이다. 즉, 배수를 의미한다.(갈색은 1)
네 번째, 금색은 오차범위를 의미한다.

첫 번째와 두 번째 색이 의미하는 숫자를 합친다. 22가 된다. 22에 세 번째 색이 의미하는 1개의 0을 붙인다. 220이 된다. 즉, 220Ω 저항이라는 뜻이다. 네 번째 색은 오차범위다. 표를 보면 금색은 ± 5%의 오차를 가진다. 다시 말하자면 저 저항은 220Ω이고 ± 5%의 오차범위를 가지는 저항인 것이다. 만약 세 번째 띠의 색깔이 빨간색이 된다면 22에 0이 두 개 붙어서 2200Ω(2.2 kΩ)의 저항이 되는 것이다. 띠의 개수가 늘어나도 4개의 띠 이후는 오차범위를 표시하므로 읽는 방법은 같다.

그런데 요즘은 소형 전자기기가 늘어나다 보니 기판에 바로 납땜해서 붙이는 쌀알보다 작은 SMD(Surface Mount Device) 모양의 칩 저항이 많이 쓰인다. 그럼 이런 저항은 어떻게 저항값을 읽을까?

칩 저항 모습

실제로 쓰이는 칩 저항이다. 이 경우에는 맨 마지막 2가 0의 개수를 말한다. 즉, 10kΩ 짜리 저항이다.

만약 위에서 예로 든 220Ω의 저항을 칩 저항 방식으로 표기하자면 221인 것이다. 그리고 칩 저항에 R이고 쓰여 있는 예도 있다. R은 소수점을 뜻한다. 2R2 이처럼 쓰여 있는 칩 저항이 있다면 2.2Ω의 저항이라는 뜻이다.

드론의 핵심인 FC에서 사용하는 저항들은 대부분 0.1%의 오차값을 갖는 F급 칩 저항을 주로 사용한다. 저항은 센서 회로 주변에 사용되는데 주로 레퍼런스 전압을 유지하거나 좌우하는 용도로 활용된다.

F급 저항

HVR	03	F	T	E	X	1003
Product Type	Dimensions	Resistance Tolerance	Packaging Code	TCR (PPM/°C)	Power Rating	Resistance
	02: 0402 03: 0603 05: 0805 06: 1206 0A: 2010 12: 2512	F: ±1% J: ±5%	T: Taping Reel B: Bulk	E: ±100 F: ±200 H: ±400	Y: 1/16W X: 1/10W W: 1/8W V: 1/4W U: 1/2W T: 1W	1003: 100KΩ 1004: 1MΩ 1005: 10MΩ

1-1-2 콘덴서

우리나라에서 흔히 콘덴서(Condenser)라고 불리는 커패시터(Capacitor)는 전하를 충전하거나 방전하는 역할을 하며, 전압이 낮아질 때 보충해주어 전압을 일정하게 유지할 필요가 있는 평활회로에 쓰인다거나 노이즈 제거에도 쓰이며, 모터에 달아서 역률을 최소화하여 효율을 높게 하는 등 많은 용도로 쓰인다. 원래 커패시터가 맞는 말이라는데 그보다 콘덴서라고 더 많이 부르므로 그냥 콘덴서라고 부른다. 콘덴서는 전자회로에서 필수적인 부품이다. 일반적으로 쓰이는 콘덴서는 전해 콘덴서, 탄탈 콘덴서, 세라믹 콘덴서, 마일러 콘덴서, 필름 콘덴서 등이 있다.

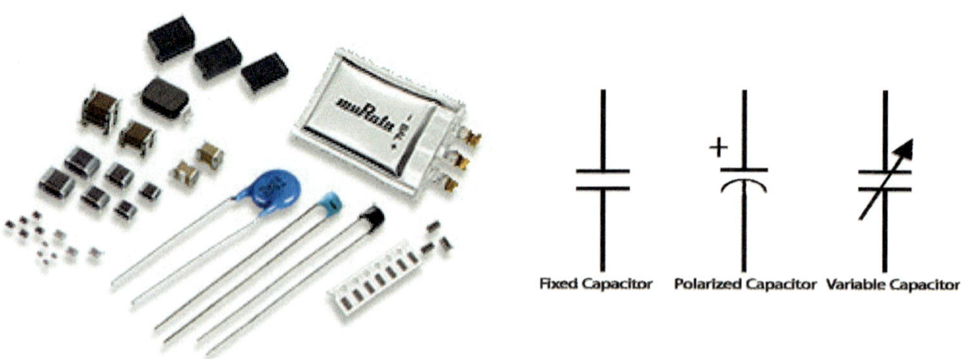

콘덴서 종류 및 표시 방법

콘덴서의 종류, 극성이 있는 전해 콘덴서, 탄탈 콘덴서 그리고 극성이 없는 세라믹, 폴리에스터 콘덴서가 있고 용량을 가변적으로 조절이 가능한 흔히 바리콘이라고 불리는 콘덴서가 있다. 각각의 모양과 전자회로에 쓰이는 기호는 위와 같다.

콘덴서의 용량의 단위는 패럿(F)을 쓴다. 하지만 전자회로에 들어가는 콘덴서는 대부분 단위가 작아서 마이크로(μ, 10^{-6}) 또는 피코(p, 10^{-12})를 붙여서 쓴다. 마이크로패럿(μF) 또는 피코패럿(pF)으로 읽는다. 회로에서는 C로 표시된다. C1, C2, C3... 이런 식으로 쓰인다.

1. 전해 콘덴서(Electrolytic Capacitor)

가장 많이 쓰이는 콘덴서다. 작은 크기에도 큰 용량을 얻을 수 있는 장점이 있으며 극성을 가지는 콘덴서다.

전해콘덴서

위와 같이 생겼으며 다리가 긴 쪽이 + 극이고 짧은 쪽이 - 이다. 규격은 콘덴서에 쓰여 있다. 그림의 콘덴서 같은 경우 용량은 47μF / 400V의 내압을 가지고 있다. 따라서 400V 이내의 전압이 걸리는 곳에서 사용된다. 극성이 있으므로 거꾸로 연결하지 않도록 해야 한다. 전해 콘덴서의 경우 오래 사용하게 되면 부풀어 오르거나 터져서 전자제품의 고장의 원인이 되는 경우가 많다. 특히 모니터 같은 경우 고장 시 분해해서 전해 콘덴서만 새것으로 갈아주어도 정상 작동하는 경우가 많다.

2. 탄탈 콘덴서(Tantalum Capacitor)

전극에 탄탈륨이라는 재료를 사용한 콘덴서다. 전해 콘덴서와 비슷하게 비교적 큰 용량을 얻을 수 있으며 온도 특성이나 주파수 특성이 위의 알루미늄 전해 콘덴서보다 좋지만, 가격은 비싸다.

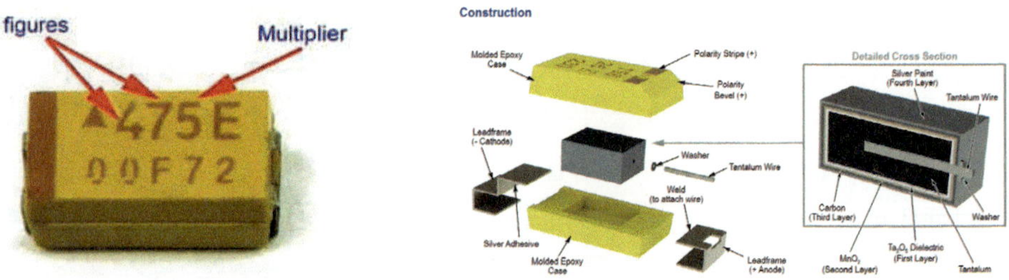

칩 탄탈 콘덴서와 내부 구조

극성을 가지고 있다. 위의 그림에서 보면 + 표시가 된 쪽의 리드선이 + 극이다. 그 반대쪽은 - 이다. 또는 전해 콘덴서와 같이 리드선이 긴 쪽은 플러스 짧은 쪽은 마이너스로 표시하기도 한다. 규격을 읽는 방법은 위의 그림을 예로 들면 위의 숫자가 용량, 밑의 숫자가 내압을 나타낸다. 위의 경우 4.7μF 콘덴서다.

3. 세라믹 콘덴서(Ceramic Capacitor)

전해 콘덴서나 탄탈 콘덴서와 같이 전극의 극성은 없다. 세라믹은 강유전체의 물질로 아날로그 신호계 회로에 사용하면 신호에 일그러짐이 나오므로 이와 같은 회로에는 사용할 수 없다. 고주파 특성이 양호하여 고주파 바이패스 회로에 많이 사용된다. 비교적 작은 용량의 콘덴서다.

세라믹 콘덴서

위와 같이 원반 모양으로 생겼다. 극성이 없어서 두 리드선의 길이는 같다. 규격은 저항값 읽는 법과 비슷하다. 첫 번째와 두 번째 숫자가 10이고 여기에 끝자리가 4이므로 0 네 개를 붙이면 용량이 나온다. 단위는 피코패럿 (pF) 이다. 즉, 위의 그림의 콘덴서는 100000pF 짜리이고 마이크로 패럿(μF) 으로 환산하면 0.1μF 짜리 콘덴서다. 만약 103 이라고 쓰여 있다면 10000pF = 0.01μF 짜리다. 그리고 숫자 뒤에 J, K 등의 알파벳이 붙는 경우가 있는데 이것은 허용오차를 뜻한다. 나타내는 허용오차는 알파벳에 따라 F는 ±1%, J는 ±5%, K는 ±10%, M는 ±20%, N은 ±30% 이다.

4. 마일러 콘덴서 (Mylar Capacitor)

얇은 폴리에스테르(Polyester) 필름의 양측에 금속박을 대고 원통형으로 감은 콘덴서다. 저가격으로 사용하기 쉽지만 높은 정밀도는 기대할 수 없다. 오차는 대략 ±5%에서 ±10% 정도다. 전극의 극성은 없고, 고주파 특성이 양호하여 바이패스용, 저주파, 고주파 결합용으로 사용된다.

마일러 콘덴서

마일러 콘덴서의 규격은 위의 그림을 예로 들면 2G는 내압이다. 아래의 코드표를 대조해보면 400V의 내압을 가진다. 다음은 세라믹 콘덴서와 같다. 103이므로 10에 0이 세 개 붙는다. 따라서 10000pF의 용량이고 0.01μF 짜리 콘덴서다. 마지막 K는 허용오차이므로 ±10%의 허용오차를 가지는 콘덴서다.

EIA CAPACITOR VOLTAGE CODES		
0G = 4.0VDC	1J = 63VDC	2D = 200VDC *
0L = 5.5VDC	0k = 80VDC	2P = 220VDC
0J= 6.3VDC *	2A = 100VDC *	2E = 250VDC *
1A = 10VDC *	2Q = 110VDC	2F = 315VDC
1C = 16VDC *	2B = 125VDC	2V = 350VDC
1E = 25VDC *	2C = 160VDC	2G + 400VDC *
1H = 50VDC *	2Z = 180VDC	2W = 240VDC
Voltage codes marked * are preferred rating values		

콘덴서 내압 코드표

5. 폴리프로필렌 콘덴서 (Polypropylene Capacitor)

폴리프로필렌 필름을 유전체로 사용하는 콘덴서로 높은 정밀도가 요구되는 하이파이 오디오 같은 기기에 사용되기도 한다. 전극의 극성은 없다.

▌폴리프로필렌 콘덴서▐

위의 그림과 같이 규격이 쓰여 있는 예도 있고 세라믹 콘덴서와 같이 표시되기도 한다.

6. 마이카 콘덴서 (Mica Capacitor)

운모(mica)를 유전체로 하는 콘덴서로 주파수 특성이 양호하며 안정성, 내압이 우수하다는 장점이 있다. 주로 고주파에서의 공진회로나 필터 회로 등을 구성할 때, 고압 회로를 구성할 때 사용한다. 용량이 큰 편은 아니지만 비싸다는 단점이 있다. 용량이 큰 것은 수만~수십만 원을 하는 콘덴서도 있다. 용량이 큰 것은 주로 오디오 기기 등에 쓰이고 작은 것은 RF 회로나 정밀한 회로에 쓰인다.

▌마이카 콘덴서▐

위의 마이카 콘덴서의 경우 500은 용량을 나타낸다. 단위는 피코패럿(pF), 고로 500pF 용량에 허용오차는 5%이며 내압은 500V의 콘덴서다.

※ 드론시스템에서는 위와 같은 다양한 콘덴서를 사용하지만 주로 보드의 크기가 제한적인 이유로 칩 유형(chip type)의 부품들을 대부분 사용한다.

1-1-3 인덕터

인덕터는 한 마디로 코일이다. 저항, 콘덴서와 함께 3대 수동부품으로 불릴 만큼 많이 쓰이는 전자 부품이다. 19세기 덴마크의 과학자 외르스테드에 의해 전류의 자기작용에 대한 발견이 이루어진 후 영국의 패러데이에 의해 전자기 유도의 원리가 발견되었다. 즉, 코일에 전류를 가하면 자기장이 생기며 거꾸로 코일에 자기장을 가하면 전기가 발생된다는 원리이다. 이런 원리는 이후 눈부신 발전을 이루어 모터, 발전기 등등 수많은 문명의 이기를 만들어 내는데 결정적인 이바지하게 된다 당장 이런 전자기 유도의 원리가 이용되는 집안의 가전제품은 거의 전부라고 생각해도 과언이 아니다. 본론으로 돌아와서, 인덕터는 구리나 알루미늄 등을 절연성 재료로 감싸고 코일을 감아서 만드는 부품이다. 물론 종류에 따라 구조는 조금씩 다르다. 인덕터에 전류를 가하게 되면 전류의 변화량에 비례해 전압을 유도함으로써 전류의 급격한 변화를 억제하는 기능이 있다. 기호는 자기적인 결합을 뜻하는 Linkage의 앞 글자를 따서 L로 회로도에서 표시한다. 기준단위로는 H(헨리)를 사용하며 콘덴서 등과 마찬가지로 작은 단위로 pH(피코 헨리), μH(마이크로 헨리), mH(밀리 헨리)라는 단위를 주로 쓴다.

고급 오디오용 코일

▌어댑터 내부 인덕터▐

위 사진은 있던 5V 어댑터를 분해한 사진이다. L1으로 표시된 인덕터가 보인다. 인덕터 이외에도 코일로 이루어진 부품인 전압조절을 위한 트랜스포머와 노이즈 필터 역할을 하는 라인 필터가 보인다.

이 글에서는 이렇게 전자회로에 거의 필수적으로 쓰이는 인덕터의 종류와 규격 보는 방법을 알아보려고 한다.

우선 인덕터의 종류를 정리하면, 인덕터는 인덕턴스를 높이기 위해 코일의 중심에 철이나 페라이트를 사용한다. 물론 사용하지 않는 형태도 있다.

▌인덕터 기호▐

1. Air core inductor

코일의 중심에 아무것도 없거나 플라스틱, 세라믹 등의 자성을 가지지 않는 물체를 이용한 인덕터 종류다. 아주 작은 인덕턴스나 수백 MHz 이상의 높은 주파수 회로에서 사용된다. 무선 관련 Radio Frequency 관련 회로에 많이 쓰인다.

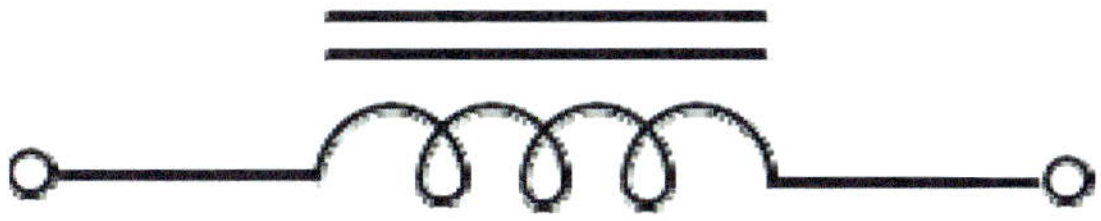

▌Air core inductor 기호▌

▌공심코일 인덕터 - RF 회로 등에 쓰임▌

▌스파이더 웹 인덕터 - RF 수신, 동조 역할에 쓰이는 코일▌

▌트로이달 인덕터▌

도넛 형태로 시작과 끝부분이 마주 보게 솔레노이드 권선을 하여 인덕턴스가 높고 효율이 좋은 인덕터

2. Ferromagnetic Core Inductor

코일의 중심에 철이나 페라이트 등의 강자성체를 이용하여 인덕턴스를 높인 인덕터이다. 광대역 회로에 주로 사용되며, 전자 부품에 많이 사용된다.

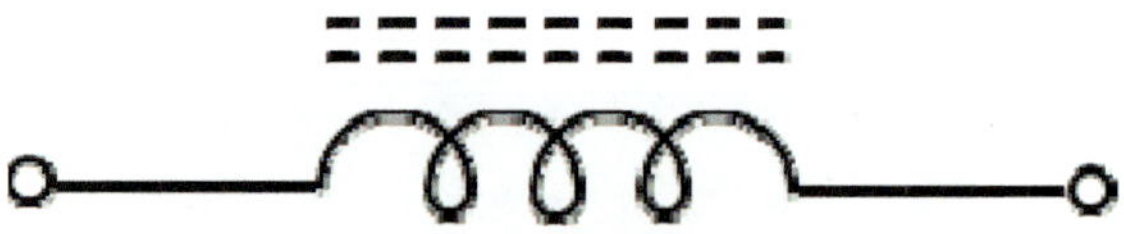

Ferromagnetic Core Inductor 기호

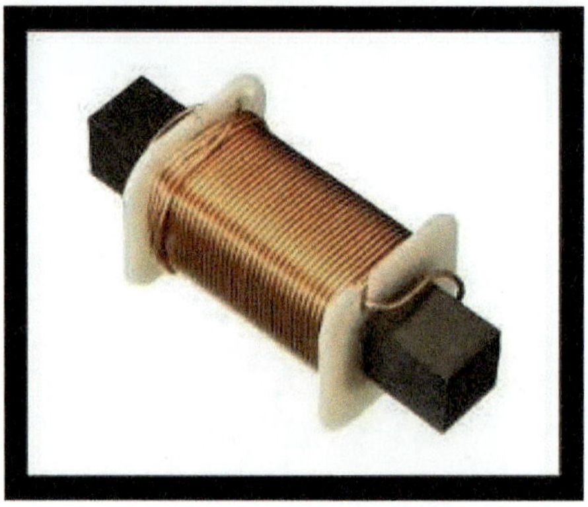

페라이트 코어를 이용한 인덕터

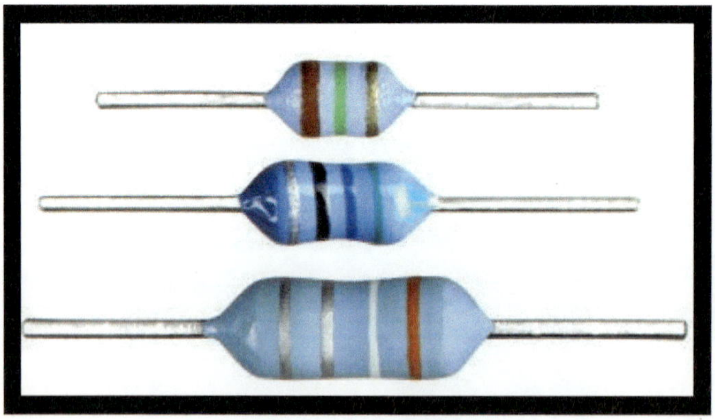

Axial Lead 인덕터

위는 저항의 모습과 비슷한 Axial Lead 인덕터이다. 저항과 같은 방식으로 색 띠를 통해서 인덕터의 값을 알 수 있다.

▌Radial Lead 인덕터▐

Radial Lead 인덕터이다. 표면에 쓰인 숫자와 알파벳으로 용량을 파악한다.

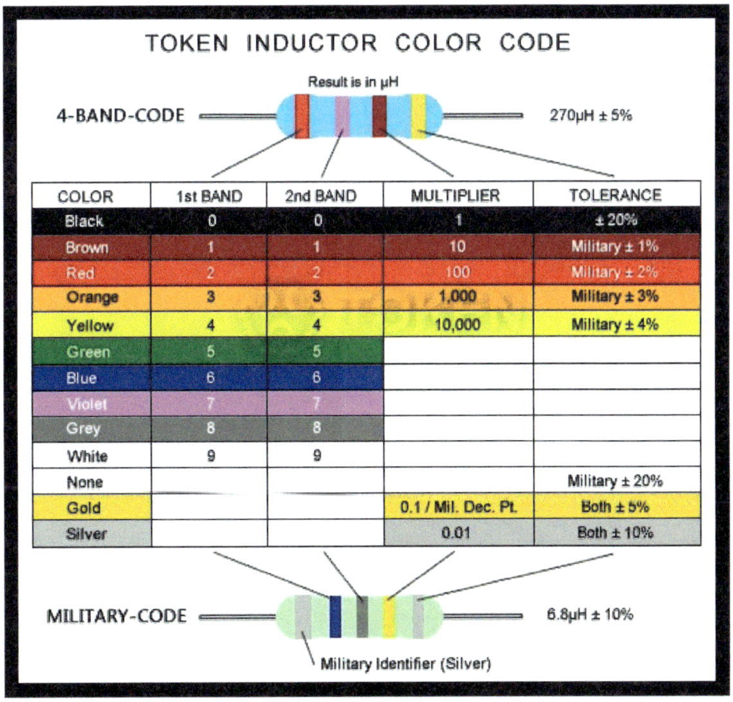

COLOR	1st BAND	2nd BAND	MULTIPLIER	TOLERANCE
Black	0	0	1	± 20%
Brown	1	1	10	Military ± 1%
Red	2	2	100	Military ± 2%
Orange	3	3	1,000	Military ± 3%
Yellow	4	4	10,000	Military ± 4%
Green	5	5		
Blue	6	6		
Violet	7	7		
Grey	8	8		
White	9	9		
None				Military ± 20%
Gold			0.1 / Mil. Dec. Pt.	Both ± 5%
Silver			0.01	Both ± 10%

▌인덕터 컬러 코드표▐

색 띠로 표시되는 Axial Lead 모양의 인덕터는 위의 색상표와 같이 용량을 표시할 수 있다.

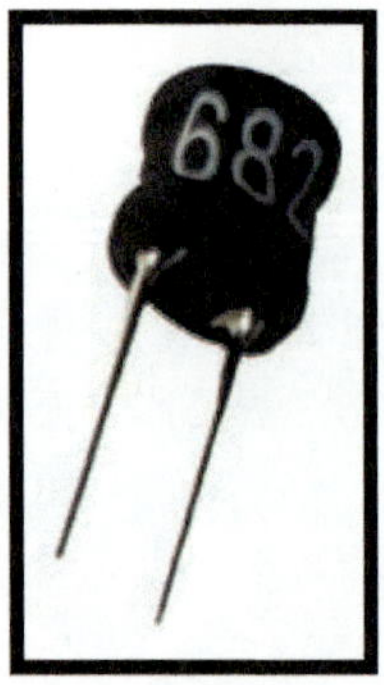

실링 타입 인덕터

표면에 위와 같이 숫자, 알파벳으로 표시된 인덕터도 있다. 위의 사진의 인덕터를 예로 들면 68은 값이다. 뒤의 2는 승수다. 68에 0을 두 개 붙이면 된다. 고로 6800㎌H(6.8mH)의 값을 가지는 인덕터다. 그리고 예를 들어 1R0과 같이 표현되는 경우도 있다. 여기서 R은 소수점을 뜻한다. 그러므로 1.0㎌H가 된다.

SMD 모양의 인덕터

기판에 직접 납땜되어 올라가는 각종 SMD 모양의 인덕터이다.

3. Variable Inductor

가변적으로 값을 변경시킬 수 있는 인덕터이다. 도선 사이의 거리 혹은 인덕터와 주위에 형성된 금속판 사이의 거리를 변화시킴으로써 값의 변경이 가능하다. 라디오 등에 쓰여서 동조 역할을 하기도 한다.

▌가변 인덕터 기호▐

▌롤러 코일형 기번 인덕터▐

가변 인덕터의 한 종류인 롤러 코일형 인덕터이다. 가운데 축을 돌려서 값을 조절한다.

▌캔 유형 가변 인덕터▐

네모난 모양의 옛날 라디오, TV 등에 많이 쓰였던 가변 인덕터이다. 드라이버로 가운데 부분을 돌려주면 값이 변한다.

더 이상의 값이 변화되는 것을 방지하기 위해 촛농을 떨어뜨리기도 했다.

1-1-4 다이오드

현재 다이오드(Diode)의 역할과 종류는 굉장히 다양해졌지만, 일반적으로 정의할 수 있는 다이오드는 P형 반도체와 N형 반도체를 접합해서 만들어지는 전자 부품을 말한다. 이는 주로 한 방향으로 전류를 흐르게 하는 성질을 가지고 있다. 다이오드에 건전지 등으로 전류를 연결해주면 어떤 방향으로는 전류가 잘 흐르는데 반대로 연결하면 전혀 흐르지 않게 되는 것이다. 이런 성질을 이용해서 교류를 직류로 바꾸는 전원장치 등에 많이 쓰인다. 가정에서 사용하는 어댑터들에는 필수적으로 다이오드가 내장돼 있다.

범용 다이오드 (1N5404)

은색으로 된 부분이 마이너스이며, 반대쪽이 플러스이다.

어댑터 내부의 다이오드

5V 어댑터 분해 사진이다. 위와 같이 총 7개의 다이오드가 사용된 것을 볼 수 있다. 기판을 잘 보면 다이오드가 붙은 부분에는 D1, D2 등의 문자가 쓰여 있다. 콘덴서는 C, 저항은 R을 쓰는 것처럼 회로도에서 다이오드는 D로 표시한다.

현대에는 이러한 다이오드의 종류가 다양해지면서 이런 정류작용뿐만 아니라 특수한 목적으로 사용되는 다이오드들이 나오기 시작했다. 대표적으로 발광 다이오드라고 불리는 LED(Light Emitting Diode)를 들 수 있다. 생활에서 광범위하게 많이 쓰이는 다이오드로 전류를 통하게 되면 빛을 내는 특성이 있으며 전력 소모도 낮고 수명도 길어서 최근에는 형광등을 대체하는 조명으로 주목을 받고 있다.

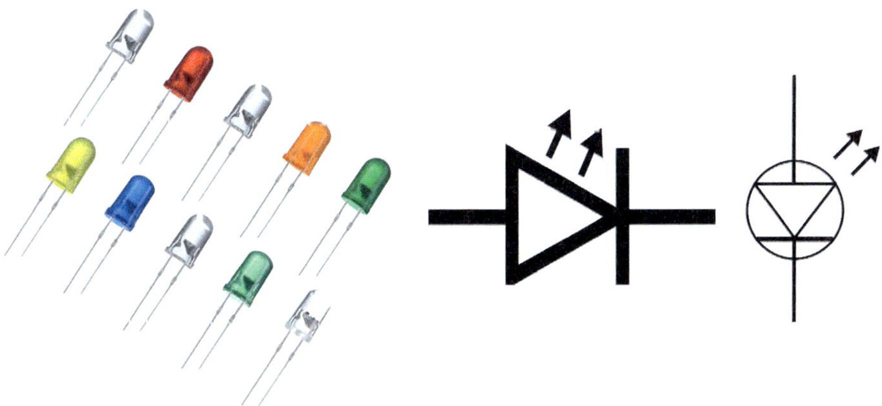

발광 다이오드와 기호

위의 사진은 범용으로 사용하는 LED이다. 빨강, 노랑, 백색, 청색, 녹색 등등 전류를 통하면 다양한 색상의 빛을 만들어낸다.

이렇듯 전자산업에 있어서 없어서는 안 될 다양한 다이오드들에 대해서 알아보겠다.

※ 참고로 LED의 색상 중에서 가장 구현이 어려운 색상이 청색이며, 이 청색 LED를 개발한 사람이 나카무라 슈지라는 사람이었다. 3명이 공동 수상했으며, 그들은 이 공로로 노벨상을 받았다. 이들은 적색과 녹색 LED뿐이던 1993년도 고휘도 청색 LED를 세계 최초로 개발했다. 이후 RGB의 3원색을 구현했고 이들 덕에 약 1600만 가지 색의 표현이 가능해졌다. 이를 토대로 백색 LED도 양산에 성공했으며 나카무라 슈지 교수는 국내 서울반도체 기술 고문으로 활동하고 있다.

1. 정류 (범용) 다이오드

가장 기본적이고 범용적인 다이오드로서 한 방향으로만 전류가 흐를 수 있게 만들어서 정류작용을 하거나 열전류를 방지해서 회로를 보호하는 역할을 하는 다이오드이다. 위에서 말했듯이 가정용 어댑터 등에 많이 쓰인다.

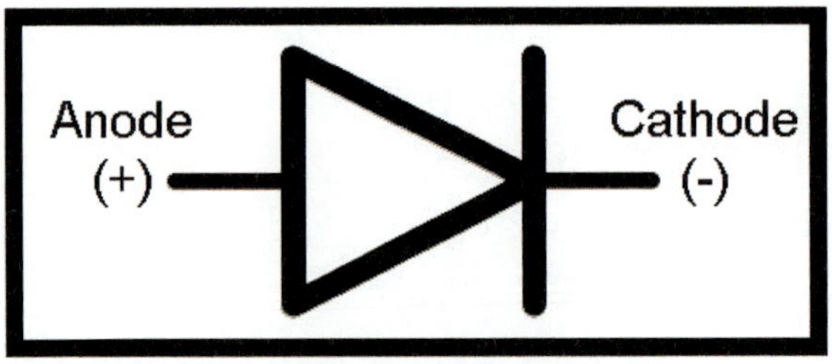

다이오드 심볼

기호는 위와 같이 쓴다. Anode에 +를 연결하고 반대인 Cathode에 -전류를 통할 때만 전류가 흐른다. 반대로 연결하게 되면 전류가 흐르지 않는다.

정류 다이오드 예

정류용 다이오드의 실제 모습이다. 은색으로 띠가 있는 쪽이 Cathode이다. 다이오드의 규격은 다이오드에 표기된 품번으로 알 수 있다.

소형 정류 다이오드

자세히 보면 다이오드의 표면에 1N4007이라고 쓰여 있다.

구글이나 http://www.alldatasheet.com/같은 전자 부품 데이터 시트 검색 사이트에서 1N4007을 검색해 보면 데이터 시트가 나온다. 그것을 보고 다이오드의 규격을 알 수 있다.

Absolute Maximum Ratings* T_A = 25°C unless otherwise noted

Symbol	Parameter	Value						1N4007	Units
		4001	4002	4003	4004	4005	4006	4007	
V_{RRM}	Peak Repetitive Reverse Voltage	50	100	200	400	600	800	1000	V
$I_{F(AV)}$	Average Rectified Forward Current, .375 " lead length @ T_A = 75°C	1.0							A
I_{FSM}	Non-repetitive Peak Forward Surge Current 8.3 ms Single Half-Sine-Wave	30							A
T_{stg}	Storage Temperature Range	-55 to +175							°C
T_J	Operating Junction Temperature	-55 to +175							°C

*These ratings are limiting values above which the serviceability of any semiconductor device may be impaired.

실제 데이터 시트를 검색해서 일부분을 발췌하였다. 필자가 가진 1N4007 다이오드의 경우는 1000V, 1A에 사용이 가능한 다이오드라는 것을 알 수 있다. 허용전압에 따라서 1N4001~1N4007까지의 다이오드들이 있다.

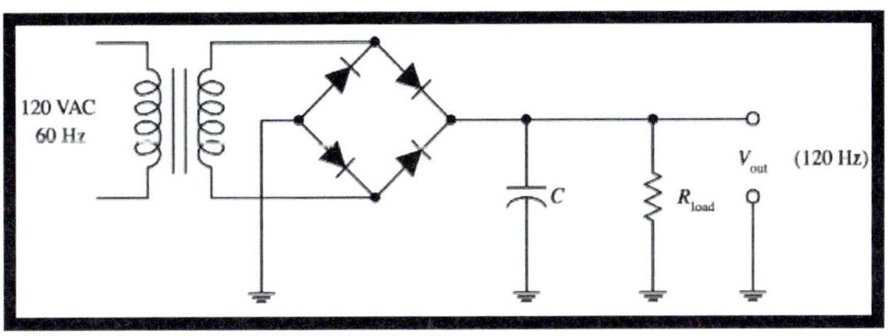

▌교류를 직류로 바꾸는 정류회로▐

정류 다이오드는 위와 같은 AC to DC 회로에 많이 쓰인다. 가정용 교류인 220V를 원하는 전압과 전류의 직류로 바꾸어주는 회로이다. 참고로 위의 회로에서 쓰인 4개의 다이오드를 하나의 소자에서 가능하도록 한 브릿지 다이오드라는 것도 있다. Input에서 +와 -가 계속 바뀌는 교류라도 Output은 항상 직류가 나오도록 하는 작용을 하나의 다이오드 소자로 가능하게 하는 것이다.

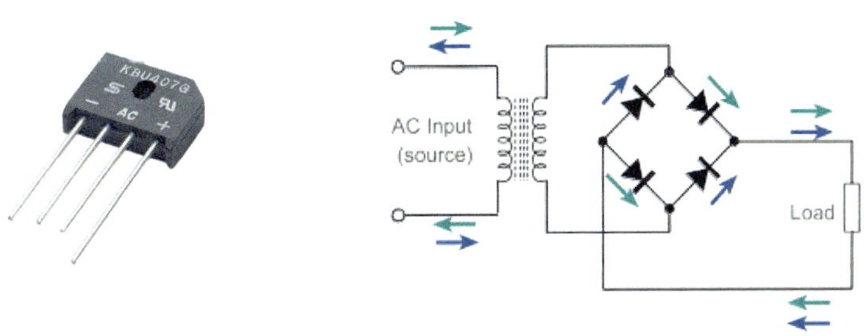

▌브릿지 다이오드와 흐름도▐

2. 제너다이오드(Zener Diode), 정전압 다이오드

미국의 물리학자인 Clarence Zener라는 사람이 발견한 Zener 효과라는 현상을 이용한 다이오드이다. 주로 정전압 장치에 쓰이며 전압을 일정하게 유지하는 역할을 하는 다이오드이다. 일반 다이오드와 다르게 역방향으로 전압을 걸어서 사용한다. 즉, Cathode에 +를 Anode에 -전압을 입력한다. 역방향으로 일정 전압 이상을 가하면 Zener 항복 현상이라는 것이 일어나서 전류가 흐르게 된다. 하지만 전압은 일정하게 유지되는 특성을 이용해서 정전압 장치에 쓰이게 된다.

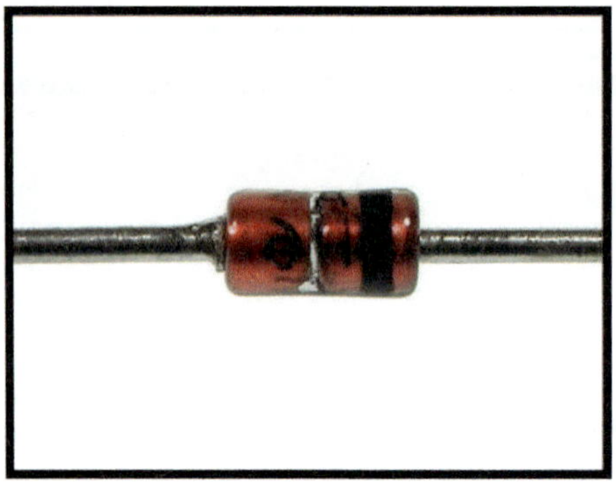

▌제너 다이오드▐

제너다이오드의 모습이다. 까만 테두리가 있는 쪽이 Cathode, 반대편이 Anode 이다.

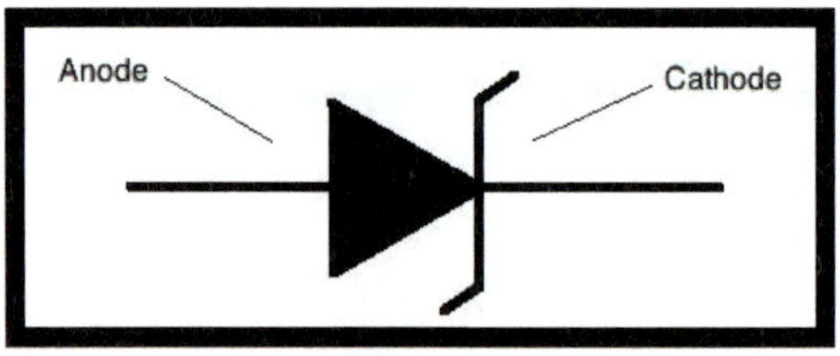

▌제너 다이오드의 표시 기호▐

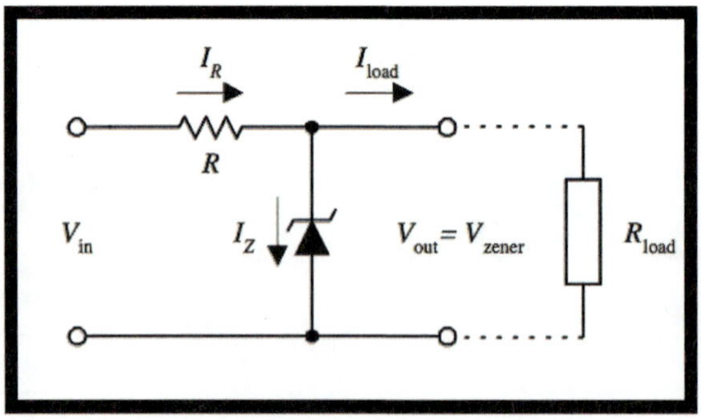

▌Voltage Regulator 회로도▐

제너다이오드를 이용한 Voltage Regulator 회로이다. 만약 회로의 V in에 5V의 전압이 걸리고 제너다이오드가 3.3V의 전압을 만들어주는 규격의 제너다이오드라면 V out에는 3.3V의 전압이 걸리게 된다.

Absolute Maximum Ratings * T_a = 25°C unless otherwise noted

Symbol	Parameter	Value	Units
P_D	Power Dissipation @ TL ≤ 50°C, Lead Length = 3/8"	1.0	W
	Derate above 50°C	6.67	mW/°C
T_J, T_{STG}	Operating and Storage Temperature Range	-65 to +200	°C

* These ratings are limiting values above which the serviceability of the diode may be impaired.

Electrical Characteristics 25°C unless otherwise noted

Device	V_Z (V) @ I_Z (Note 1)			Test Current I_Z (mA)	Max. Zener Impedance			Leakage Current	
	Min.	Typ.	Max.		Z_Z @ I_Z (Ω)	Z_{ZK} @ I_{ZK} (Ω)	I_{ZK} (mA)	I_R (μA)	V_R (V)
1N4728A	3.315	3.3	3.465	76	10	400	1	100	1
1N4729A	3.42	3.6	3.78	69	10	400	1	100	1
1N4730A	3.705	3.9	4.095	64	9	400	1	50	1
1N4731A	4.085	4.3	4.515	58	9	400	1	10	1
1N4732A	4.465	4.7	4.935	53	8	500	1	10	1
1N4733A	4.845	5.1	5.355	49	7	550	1	10	1
1N4734A	5.32	5.6	5.88	45	5	600	1	10	2
1N4735A	5.89	6.2	6.51	41	2	700	1	10	3
1N4736A	6.46	6.8	7.14	37	3.5	700	1	10	4
1N4737A	7.125	7.5	7.875	34	4	700	0.5	10	5
1N4738A	7.79	8.2	8.61	31	4.5	700	0.5	10	6
1N4739A	8.645	9.1	9.555	28	5	700	0.5	10	7
1N4740A	9.5	10	10.5	25	7	700	0.25	10	7.6
1N4741A	10.45	11	11.55	23	8	700	0.25	5	8.4
1N4742A	11.4	12	12.6	21	9	700	0.25	5	9.1
1N4743A	12.35	13	13.65	19	10	700	0.25	5	9.9
1N4744A	14.25	15	15.75	17	14	700	0.25	5	11.4
1N4745A	15.2	16	16.8	15.5	16	700	0.25	5	12.2
1N4746A	17.1	18	18.9	14	20	750	0.25	5	13.7
1N4747A	19	20	21	12.5	22	750	0.25	5	15.2

제너다이오드 규격표

규격은 정류 다이오드 보는 방법과 같다. 품번을 데이터 시트 검색 사이트에서 검색해 보면 데이터 시트가 나온다. 중요한 것은 허용 전력(W)과 전압(V) 정도 되겠다. 종류가 많다 보니 위와 같이 시리즈별로 그룹 지어서 데이터 시트가 만들어져 있다.

3. 발광 다이오드 (LED, Light-Emitting Diode)

순방향으로 전류를 가하면 빛을 내는 특징을 가지는 다이오드이다. 각종 전자, 전기 장치의 표시 부분이나 요즘은 조명용으로도 많이 사용한다. 여러 가지 색상의 빛을 내고 종류도 다양하다.

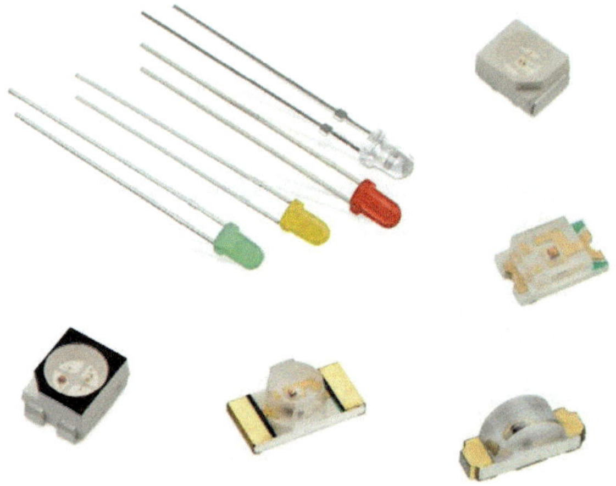

일반적인 발광 다이오드

다리가 긴 쪽이 Anode (+)이며 짧은 쪽이 Cathode (-)이다. 역방향으로 전류를 흘리면 빛이 발생하지 않는다. 전류의 크기에 따라 밝기가 결정되며 정격전류 이상을 가하게 되면 고장이 날 수 있다.

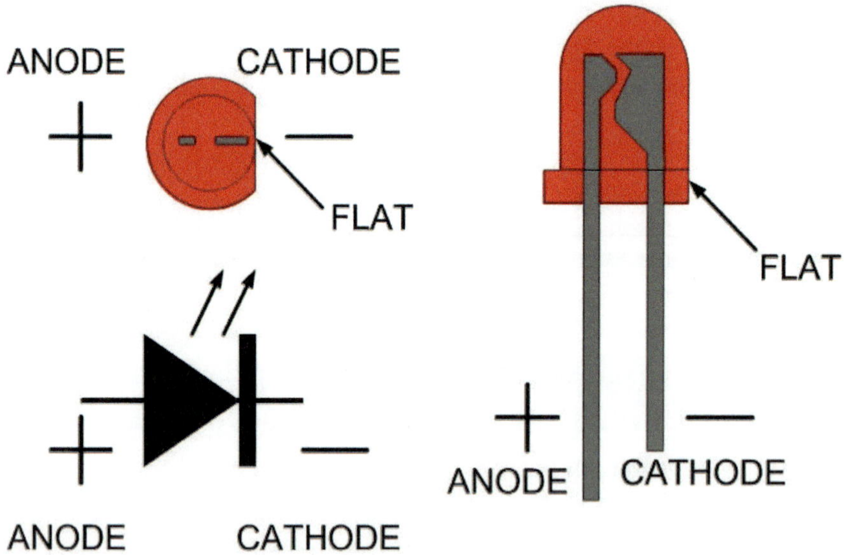

발광 다이오드 극성 및 표시 기호

발광 다이오드의 기호이다. 빛이 발산되는 모습을 하고 있다. 화살표가 반대로 되면 포토다이오드가 된다. 예전에는 발광부 FLAT 색상으로 빛을 구분했으나 요즘은 투명한 FLAT으로 싸여있어서 어떤 색상인지 잘 구분할 수 없다. 또한, 하나의 FLAT에 R, G, B 세 가지 색을 모두 표현할 수 있도록 제작되어 각각의 색상 밝기를 조절하면 다양한 칼라 디스플레이가 가능하게 되었다.

LED의 종류와 규격도 무수하게 많다. 그 중 일반적인 직경 5mm의 LED의 규격은 대략 아래와 같다.

전압(forward voltage) : 1.8~2.2V
적정 전류(suggested using current) : 16~18mA
최대 전류(forward current) : 20mA

만약 LED를 켜고자 하는데 공급 전원과 맞지 않을 경우, 옴의 법칙에 따라 적절한 저항을 달아주면 된다. 적절 저항값의 계산은 다음과 같이 한다.

(공급전압 - LED 전압) / LED 전류 = 저항값

예를 들어 공급전압이 5V이고 5mm 직경의 LED 하나를 켜려고 한다면 155옴을 넘어가는 저항을 달아주면 되는 것이다.

$(5 - 2.2) / 0.018 = 155\Omega$

※ LED 전류와 전압은 최댓값으로 계산했다. LED 종류에 따라 다를 수 있다.

4. 포토다이오드(Photo Diode)

포토다이오드는 발광 다이오드와는 반대로 빛 에너지를 전기 에너지로 바꿔주는 소자이다. 빛의 강도에 비례하는 전압을 만들어 낸다. 그러므로 빛의 세기를 감지하는 센서로 사용이 가능하며 리모컨의 수신부, 화재경보기 등에 쓰인다.

■ 포토다이오드 특징

- 포도다이오드는 응답속도가 빠르고, 감도 파장이 넓으며, 광전류의 직진성이 양호하다.
- 작은 바이어스 전압에도 동작할 수 있다.
- 수명이 길며, 고속의 응답성을 가지고, S/N의 특성이 좋다.

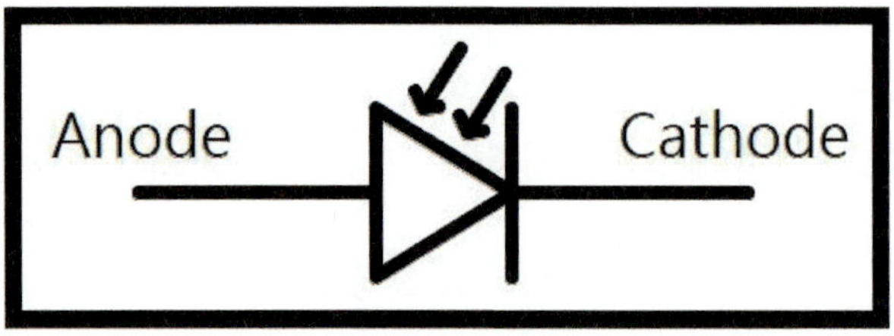

포토다이오드 표시

포토다이오드의 기호이다. 발광 다이오드와는 화살표(빛)의 방향이 반대이다.

5. 쇼트키 다이오드 (Schottky Barrier Diode, Hot Carrier Diode)

독일의 물리학자인 Walter H. Schottky의 이름을 딴 다이오드 소자이다. 쇼트키가 발견한 금속과 반도체의 접촉면에 생기는 장벽(쇼트키 장벽)의 정류작용을 이용하여 만들어졌으므로 쇼트키라는 이름이 붙었다. 일반 다이오드에 비해 마이크로파(고주파)에서의 특성이 좋고 매우 좁은 쇼트키 장벽 내에서 전류제어작용이 행해지기 때문에 고속 동작(고속 스위칭)에 적합하며, 마이크로파 수신 혼합기, 고속 논리용 다이오드 등에 사용된다.

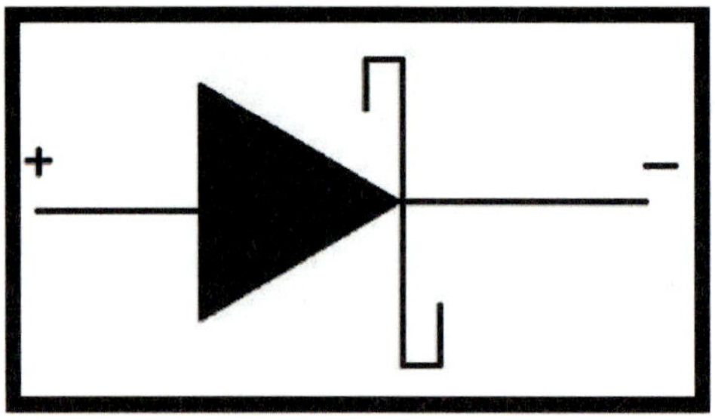

쇼트키 다이오드의 기호

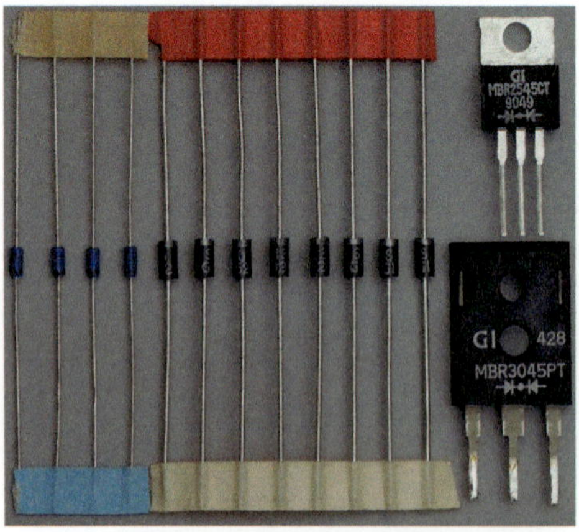

쇼트키 다이오드 종류

다양한 쇼트키 다이오드들, 외관상으로는 일반 정류용 다이오드와 별 차이가 없는 제품들도 있다. 이런 경우 품번을 확인해야 쇼트키 다이오드를 판별할 수 있다.

Maximum Ratings and Electrical Characteristics @ T_A = 25°C unless otherwise specified

Single phase, half wave, 60Hz, resistive or inductive load.
For capacitive load, derate current by 20%.

http://deneb21.tistory.com

Characteristic	Symbol	1N5817	1N5818	1N5819	Unit
Peak Repetitive Reverse Voltage Working Peak Reverse Voltage DC Blocking Voltage	V_{RRM} V_{RWM} V_R	20	30	40	V
RMS Reverse Voltage	$V_{R(RMS)}$	14	21	[illegible]	V
Average Rectified Output Current (Note 1) @ T_L = 90°C	I_O		1.0		A
Non-Repetitive Peak Forward Surge Current 8.3ms single half sine-wave superimposed on rated load	I_{FSM}		[illegible]		A
Forward Voltage (Note 2) @ I_F = 1.0A @ I_F = 3.0A	V_{FM}	0.450 0.750	0.550 0.875	0.60 0.90	V
Peak Reverse Leakage Current at Rated DC Blocking Voltage (Note 2) @ T_A = 25°C @ T_A = 100°C	I_{RM}		1.0 10		mA
Typical Total Capacitance (Note 3)	C_T		110		pF
Typical Thermal Resistance Junction to Lead (Note 4)	$R_{θJL}$		15		°C/W
Typical Thermal Resistance Junction to Ambient	$R_{θJA}$		50		°C/W
Operating and Storage Temperature Range	T_j, T_{STG}		-65 to +125		°C

허용전압

허용전류

다이오드 규격표 보는 법

범용으로 많이 쓰이는 1N5819 쇼트키 다이오드의 규격을 알아보기 위해 데이터 시트를 찾아보았다. 위와 같이 40V, 1A 이내에서 사용할 수 있다.

6. 배리캡 다이오드, 가변용량 다이오드(Variable Capacitance Diode)

역방향 전압 크기의 변화에 따라 PN 접합의 공핍층(캐리어가 존재하지 않는 영역) 의 두께를 변화시켜 정전 용량의 값을 증가 또는 감소시킬 수 있는 다이오드이다. 주로 전압의 변화에 따라 발진 주파수를 변화시키는 데 사용한다. 과거 텔레비전의 UHF · VHF대 및 FM · AM 라디오의 전자 동조용 부품으로 사용되었다.

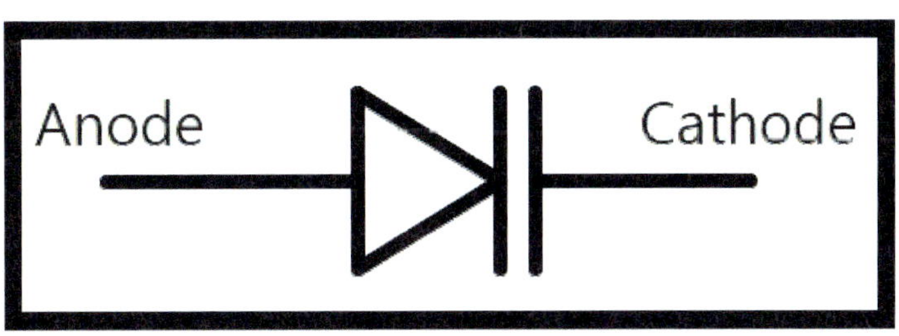

배리캡 다이오드의 기호

배리캡 다이오드 사진

배리캡 다이오드의 실제 모습이다.

ELECTRICAL CHARACTERISTICS (Ta = 25°C) Weight : 0.09 g

CHARACTERISTIC	SYMBOL	TEST CONDITION	MIN.	TYP.	MAX.	UNIT
Reverse Voltage	V_R	$I_R = 10\ \mu A$	15	—	—	V
Reverse Current	I_R	$V_R = 15\ V$	—	—	50	nA
Capacitance	C_{1V}	$V_R = 1\ V,\ f = 1\ MHz$	435	—	540	pF
Capacitance	C_{8V}	$V_R = 8\ V,\ f = 1\ MHz$	19.9	—	30.0	pF
Capacitance Ratio	C_{1V}/C_{8V}	—	15.0	19.5	—	—
Figure of Merit	Q	$V_R = 1\ V,\ f = 1\ MHz$	200	—	—	—

(Note) : Available in matched group for capacitance to 2.5%.

$$\frac{C_{(Max.)} - C_{(Min.)}}{C_{(Min.)}} \leq 0.025\ (V_R = 1\ V\sim 8\ V)$$

and capacitance is classified as Table 1.

배리캡 다이오드 규격표

위의 배리캡 다이오드의 데이터 시트이다. 대략 20~540pF의 Capacitance를 가지는 것을 볼 수 있다. 이외에도 많은 종류의 다이오드가 있지만 주로 많이 쓰이는 것은 이 정도인 것 같다.

2

측정기와 실습도구

2-1 기본 측정기

2-1-1 디지털 멀티미터

1. DMM(Digital Multimeter)

▍디지털 멀티 테스터기 사진▍

여러 가지의 측정 기능을 결합한 전자 계측기이다. 멀티미터에서의 측정량에 AD변환을 하여 이것을 디지털 양으로서 액정 등에 의한 숫자 표시를 하고 내부 저항이 아날로그형과 비교하면 매우 높으므로 정확도가 높다.

★ 멀티미터 사용 시 유의할 점

▷ 직류 전압이나 교류 전압을 측정할 때는 측정하려는 곳의 예상 측정값의 2배 이상의 레인지에서 측정해야 한다. 테스터 고장의 대부분은 레인지를 잘못 설정하고 측정함으로써 발생한다는 것을 명심해야 한다.

▷ 아날로그형인 경우, 저항값이 작을수록 바늘이 많이 움직이며 0옴일 때 최대치가 되며 저항이 무한대일 때는 바늘이 움직이지 않는다.

▷ 직류를 측정할 때는 +, - 를 역으로 측정하면 안 된다. 디지털인 경우는 극성이 역으로 표시되겠지만 아날로그는 바늘이 역방향으로 이동하게 되고 바늘이 휘어지거나 고장 날 수 있다.

▷ 테스터기는 "-"는 검정색, "+"는 적색으로 사용하기로 약속이 되어 있다. 또한, 테스터기에 'V'라고 있고 그 위에 '-'가 있는 것이 있고 '～'이 있는 것이 있는데 '-'이 직류, '～'이 교류이다.

▷ 대부분의 테스터에는 교환 가능한 퓨즈가 내장되어 있어서 고장이 의심되면 내장 퓨즈를 확인해 보는 것도 한 방법이다.

▷ 사용하지 않을 때는 OFF 위치로 하거나 OFF 위치가 없는 테스터라면 저항측정 레인지 외에 다른 레인지로 돌려놓고 보관하는 것이 좋다.

2. 클램프메타(후크메타)

위의 멀티미터를 소개하면서 멀티미터로 교류 및 직류 전압, 직류 전류, 저항 등을 측정할 수 있다고 설명했다. 그런데 실제 현장 전류의 대부분인 교류전류는 멀티미터가 아닌 후크메타로 측정한다. 즉 교류전류를 측정하기 위해서는 후크메타가 필요한 것이다. 이 후크메타는 멀티미터와 같은 기능을 하며 한 가지 더 있는 기능은 전선을 자르지 않고 후크메타의 측정 원형에 넣어서 현재 흐르는 전선의 전류를 측정할 수 있다.

후크메타 기능 : ACA, ACV, DCV, Ω, 도통(♩)

위의 그림과 같이 클램프가 전선을 감으면서 일종의 변압기 역할을 하는데 클램프 자체가 코어이고 코어 속으로 전선이 들어가서 전류가 흐르면 이것이 곧 1차 코일이 되고 2차 코일은 후크메타 내부에 코일을 감아서 그 비율로 계기판에 나타나게 함으로써 교류전류를 측정하게 된다. 후크메타의 사용법은 전선 또는 케이블 중 1선을 클램프 안에 넣은 다음 원형이 잘 맞았는지 확인하고 실드(전자기차폐)가 된 케이블이나 1상 이상의 전선이 같이 들어가면 측정할 수 없다. 이렇게 하고 나서 적정 RANGE를 맞추고 눈금을 읽으면 된다. RANGE를 맞출 때는 측정기기의 가장 큰 눈금에 맞추기 시작하여 맞는 눈금까지 맞추고 그 눈금을 읽으면 해당 전류 [A]가 나온다.

ex) 단상의 경우, 220V에서 100[A]가 측정된 경우 전력은 220 × 100[A] = 22,000 W = 22KW

ex) 3상의 경우, 380V에서 100[A]가 측정된 경우 전력 P = 1.732 × 380 × 109 = 65,810W = 65.81KW

바른사용법 (한가닥씩 측정)

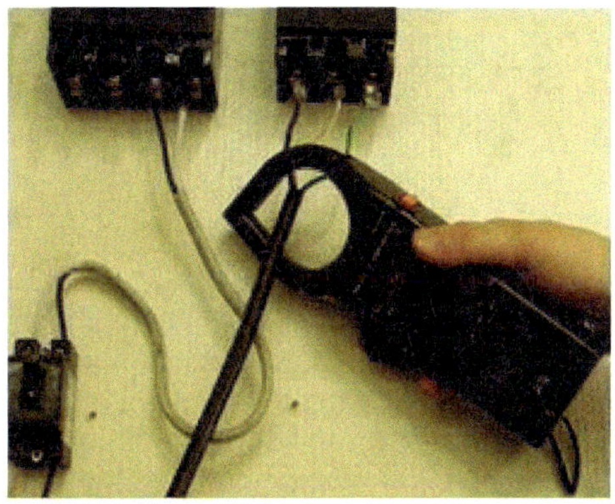
틀린사용법 (묶음측정 X)

★ 후크메타 사용 시 유의할 점

▷ 멀티미터와 마찬가지로 다이얼을 저항에 놓은 상태에서 전압을 측정하거나 다이얼을 DCV에 놓고 AC 110V이상 전원을 측정하면 고장이 날 수 있다. 즉 해당 다이얼에 맞는 정확한 측정이 요구된다.

▷ 전류를 측정할 때는 피복이 덮여있는 상태에서 클램프를 걸고 측정해야 한다. 전선 피복을 벗기거나 벗겨져 있는 전선을 측정하면 당연히 위험하다.

▷ 각종 분전반에 있는 동판(부스바)은 측정하면 안 된다. 상식적으로 위험할 수밖에 없으니 후크메타를 이용한 전류 측정은 피복이 온전한 전선에 한정해야 한다.

▷ 일반적으로 후크메타를 가지고 전압측정을 하지 않는 경우가 많다. 후크메타의 주목적은 전류를 측정하는 기계이고 멀티미터 보다 훨씬 고가의 제품이기 때문에 전압을 측정할 때는 멀티미터를 이용하는 것이 좋다고 생각한다.

- **일반적인 디지털 멀티미터의 측정 기능(제조사 모델별로 측정 기능이 상이)**

① 저항의 크기 측정
② 커패시터의 크기 측정
③ 직류 전압, 교류 전압 크기 측정
④ 직류 전류, 교류전류 크기 측정
⑤ 다이오드의 양호/불량 판정(다이오드의 극성 판정)
⑥ 결선 시험(Short test)
⑦ 접합형 트랜지스터(BJT)의 증폭도 측정
⑧ 주파수 측정

3. 멀티미터 사용 방법

- **저항의 크기 측정**

모드를 설정하는 레버를 위의 사진에 해당하는 위치에 둔다. 즉, 저항의 단위, Ω이 표시되어있는 Range에 둔다.

그리고 디지털 멀티미터에 접속된 두 프로브를 저항의 양단에 방향 상관없이 탐침 한다. 그리고 저항의 값이 화면에 표시가 될 때까지 Range를 작은 값에서부터 크게 올린다. 저항의 크기보다 레버가 선택한 범위가 작을 경우, Buzzer가 울린다.

적당한 크기의 Range를 선택하게 되면 저항의 값이 출력된다.

대충의 저항값만 알아도 될 때는 저항에 표시된 값을 읽어도 된다.

- **커패시터의 크기 측정**

모드를 설정하는 레버를 위의 사진에 해당하는 위치에 둔다.

커패시터를 뜻하는 CAP가 표시되어있는 곳에 두면 된다.

두 프로브로 커패시터의 양단에 방향 상관없이 탐침 한다.

극성이 있는 전해 커패시터의 경우에는 극성에 맞게 탐침 한다.

측정된 값을 화면으로 확인한다.

- **직류 전압, 교류 전압 크기 측정**

모드를 설정하는 레버를 위의 사진에 해당하는 위치에 둔다. 즉, 전압의 단위, V가 표시되어있는 Range에 둔다.

그 다음 측정하려는 전압의 종류를 장비 본체에 있는 스위치로 선택한다.

→  (왼쪽 : 직류 전압, 오른쪽 : 교류 전압)

측정기에 따라서는 하나의 버튼으로 AC/DC를 선택하기도 한다.

그리고 측정하려고 하는 부하의 양단에 빨간색, 검정색 프로브를 병렬로 탐침 한다.

전류의 방향을 생각하여 탐침 하여야만 원하는 전압값이 나오며 극성이 반대로 되면 -값이 나올 것이다.

■ **직류 전류, 교류전류 크기 측정**

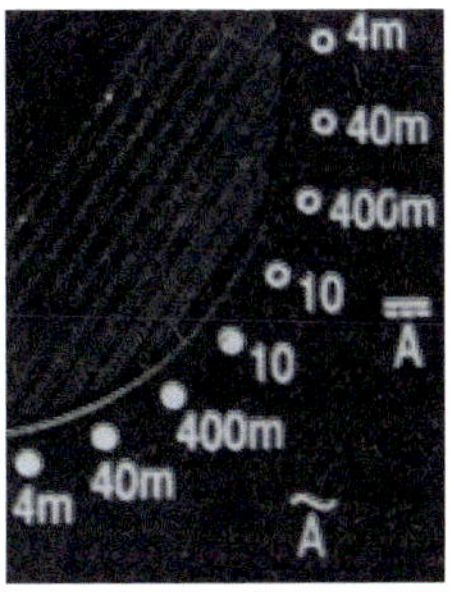

모드를 설정하는 레버를 위의 사진에 해당하는 위치에 둔다. 즉, 전류의 단위, A가 표시되어있는 Range에 둔다. 예상된 전류치 보다 큰 측정 레인지를 선택해야 한다.

그 다음 측정하려는 전류의 종류를 장비 본체에 있는 스위치로 선택한다.

→  (왼쪽 : 직류 전류, 오른쪽 : 교류전류)

그리고 측정하려고 하는 지점의 회로를 단락시키고 빨간색, 검은색 프로브를 직렬로 탐침 한다.

전류의 방향을 생각하여 탐침 하여야만 원하는 전류값이 나올 것이다.

측정기에 따라서 오토 레이지 기능이 있는 경우는 별도로 레인지를 선택하지 않아도 측정기가 알아서 계측값을 측정해 표시해 주는 예도 있다.

※ 반드시 그 지점을 절단시키고 직렬로 연결하여야 한다. 병렬로 연결할 경우, 고장의 원인이 된다.

■ **다이오드의 양호/불량 판정 (다이오드의 극성 판정)**

모드를 설정하는 레버를 위의 사진에 해당하는 위치에 둔다. 즉, 다이오드를 나타내는 기호가 표시된 위치에 둔다. 그다음 시험하려는 다이오드의 양 끝을 극성에 맞게 프로브로 탐침 한다.

(Anode[+] : 적색 프로브, Cathode[-] : 흑색 프로브)

측정되는 전압의 지시치로 판정한다.

→ 순방향인 경우 : 약 0.6V, 역방향인 경우 : 약 2.6V

(양호한 다이오드의 경우)

이와 다르게 다이오드의 저항치가 지시되는 제품도 있다.
그런 제품들은 순방향과 역방향 저항의 비율이 10:1 이상이라면 양호한 다이오드라 할 수 있다.
(지시된 다이오드의 저항치의 수치 자체에는 큰 의미를 부여하지 않는다)
☆ 위의 실험 결과는 다이오드의 극성 판정에도 이용할 수 있다.

■ 결선 시험(Short test)

도통 테스트라고 불리는 기능이다.

모드를 설정하는 레버를 위의 사진에 해당하는 위치에 둔다. Buzzer라는 기능이다. 두 프로브를 서로 맞물리게 되면 디지털 멀티미터 내부에서 "삐~"하는 소리를 낸다. 즉, 회로의 결선 상태를 확인할 수 있다.

회로의 결선 상태가 의심되는 곳에 두 프로브를 극성과 상관없이 탐침 하게 되면, 결선이 되었다면 "삐~" 소리가 난다.

■ 접합형 트랜지스터(BJT)의 증폭도 측정(측정기모델에 따라 기능이 없는 경우도 있음)

모드를 설정하는 레버를 위의 사진에 해당하는 위치에 둔다. 증폭도를 측정할 BJT 형태에 맞는 위치에 레버를 둔다.

그리고 레버 선택 Range의 왼쪽을 보면 트랜지스터 삽입구가 있다. NPN의 경우 앞의 EBC에 트랜지스터를 방향에 맞게 삽입하면 된다. PNP의 경우 뒤의 ECB에 트랜지스터를 방향에 맞게 삽입하면 된다.(BCE를 반대로 보면 ECB)

그리고 앞의 과정을 거치게 되면 마지막으로 디지털 멀티미터의 화면에 증폭도가 출력된다.

■ 주파수 측정(측정기모델에 따라 기능이 없는 경우도 있음)

모드를 설정하는 레버를 위의 사진에 해당하는 위치에 둔다. 즉, 주파수의 단위인 Hz에 둔다.
그리고 측정하려고 하는 지점의 회로를 단락시키고 프로브를 직렬 또는 병렬로 탐침 한다.
측정된 값을 화면으로 확인한다.

2-1-2 Function Generator

Function Generator 사진

Function Generator는 전자 시험 장비 혹은 소프트웨어의 한 종류로, 전자 파형을 발생시키기 위한 장치이다. 낮은 레벨의 다양한 교류를 만들어 제공해주며 보통 규칙적인 파형의 주파수 계측기능도 갖고 있다. 제공되는 파형의 주파수는 아주 낮은 범위에서 높은 범위까지 가변 될 수 있어서 회로시스템의 주파수 특성을 분석하는 데 좋은 신호 제공기가 된다.

2-1-3 오실로스코프

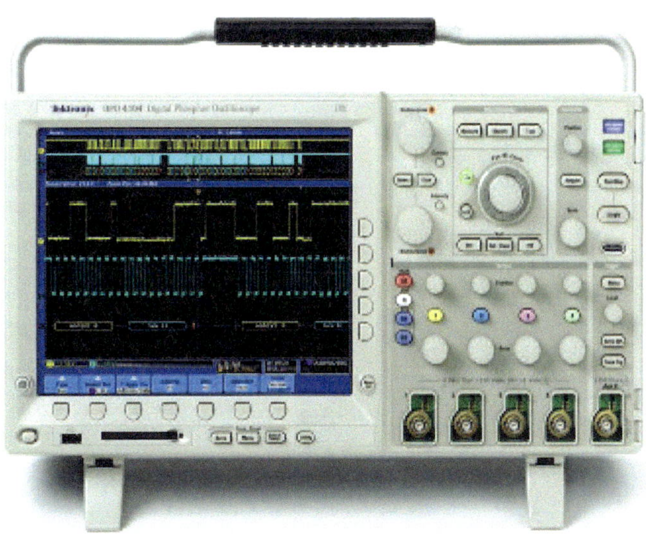

Oscilloscope 사진

Oscilloscope는 특정 시간 간격(대역)의 전압 변화를 볼 수 있는 장치로, 초기에 음극선관을 사용했지만, 최신 제품은 TFT-LCD를 주로 사용한다. 관측파 전압과 시간 축 전압으로 전자빔을 편향시켜서 파형을 그린다. X축은 시간 변화를, Y축은 전압의 변화를 나타내며 Z축은 화면의 명암이나 밝기를 나타낸다.

Oscilloscope는 전압의 파형을 시각적으로 나타내어 측정할 수 있는 장치로서 CRO(Cathode Ray Oscilloscope)라고도 부른다.

1. Oscilloscope의 내부 구조

Oscilloscope의 내부 구조는 〈Fig. 2-2〉에서 보는 바와 같이 음극선관(CRT : cathode ray tube), 수직 증폭기(vertical amplifier), 수평 증폭기(horizontal amplifier), 시간 축 톱니파 발진기(Sweep generator)로 크게 분리할 수 있다. 내부 구조 및 원리를 알면 사용하기가 훨씬 쉽다.

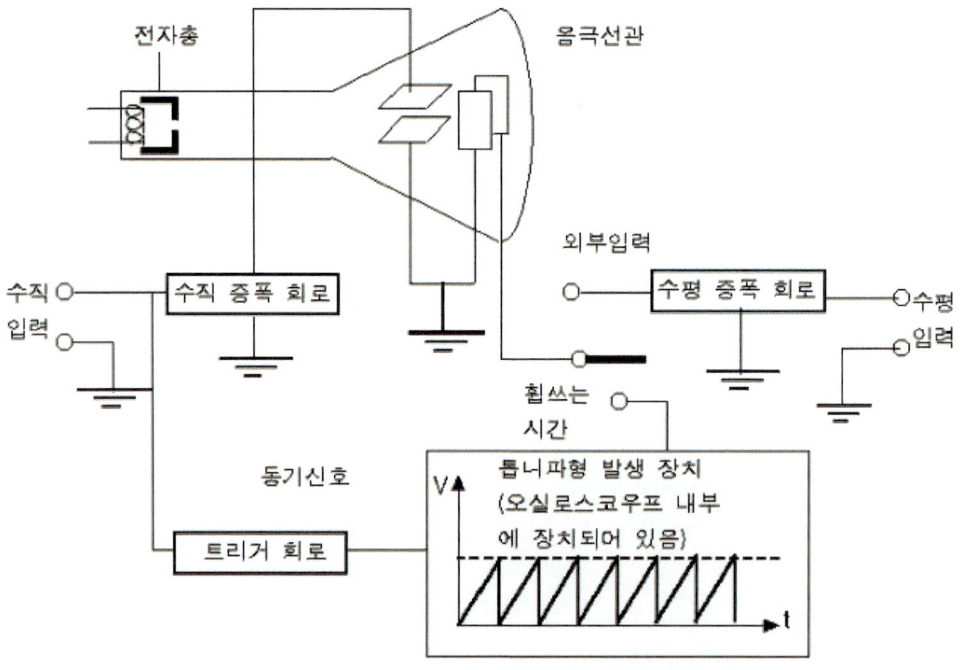

▌오실로스코프의 기본 원리 및 구성도▐

이중 가장 중요한 음극선관의 내부는 위 그림과 같이 전자총(electron gun), 수평 수직 편광판(horizontal-vertical deflection system) 및 형광막(fluorescent screen)으로 나누어지며 전자총에서 방출된 전자빔은 형광판 쪽으로 사출되면서 그 도중에 한 쌍의 수평 편향판과 또 한 쌍의 수직 편광판 사이를 통과하게 되어 있다. 전자빔은 편광판에 걸리는 전압이 0일 때 형광 스크린의 중심에 광점을 나타낸다. 스크린상에서의 광점의 위치는 두 쌍으로 된 편향판에 전압이 걸릴 때 전자빔이 편향되면서 쉽게 바뀐다. 이것은 편향판 사이에 형성된 전기장으로 전자가 힘을 받기 때문이다.

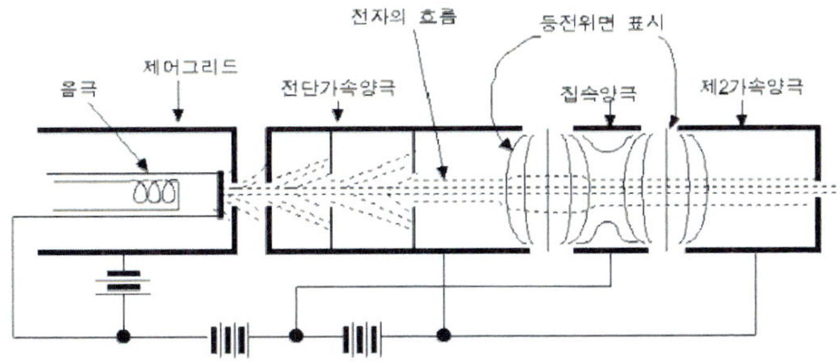

전자총 부분의 구조 및 원리도

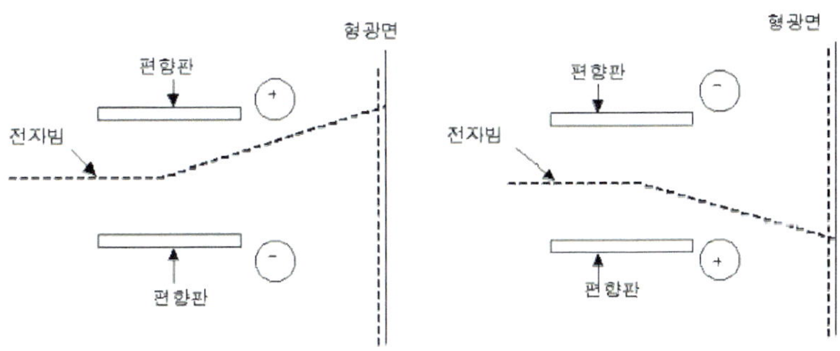

편향판의 전위에 따른 전자빔의 이동

2. 동기(Synchronization) 신호의 원리

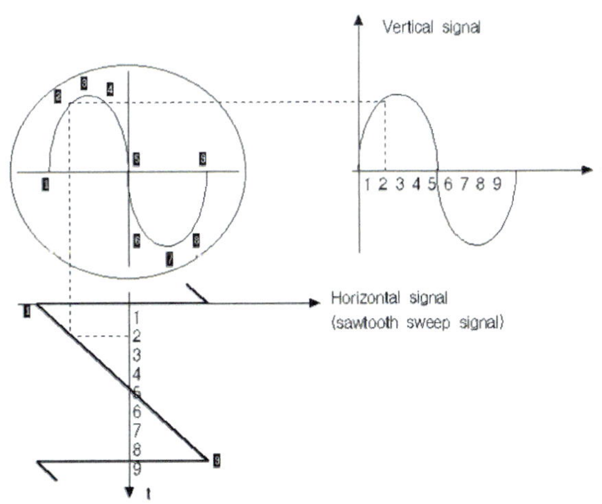

수직 입력 신호의 측정 시작점

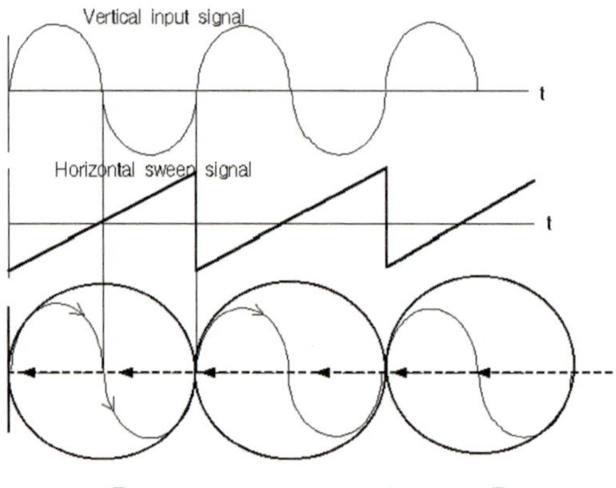

▌입력 신호와 수평 스위프 신호▐

위 그림은 수평 편향판에 톱니파 전압을 걸고 수직 편향판에는 사인파(Sine Wave)전압을 걸어 줄 때 형광 스크린에 나타나는 광점의 운동을 그린 것이다. 즉, 수평 편향판에 걸리는 톱니파(Sawtooth Wave) 전압은 광점을 일정한 속도로 오른쪽으로 이동시키는 역할을 하고 수직 편향판에 걸리는 전압은 사인파 전압으로 전자의 수직 운동에 기여한다. 그것을 점-대-점으로 대응시키면 화면에 사인파의 파형이 그려진다. 수평 편향판에 걸리는 톱니파 전압이 한 사이클의 끝에서 0으로 떨어질 때 광점은 급격히 출발점으로 되돌아가면서 다시 다음 사이클에서 동일한 모양을 그리게 된다.

톱니파 전압과 사인파 전압은 각 사이클마다 언제나 정확히 같은 시각에 파형의 최초 점에서 시작해야 한다. 그렇지 않으면 매회 같은 모양을 그려내지 않기 때문이다. 톱니파인 스위프(Sweep) 전압은 오실로스코프에 딸린 보조 회로에서 만들어지며 수직 편향판에 걸리는 신호와 항상 동기(synchronization)되게 돼 있다. 이 신호가 바로 동기 신호다.

최근 출시되는 대부분 오실로스코프는 위와 같은 CRT방식이 아닌 LCD방식이 대부분이다. 크기도 작아지고 기능과 성능도 우수하므로 사용자는 좀 더 쉽게 측정할 수 있다.

3. 사용 방법(제조사마다 다르지만, 일반적인 기능은 아래와 같다)

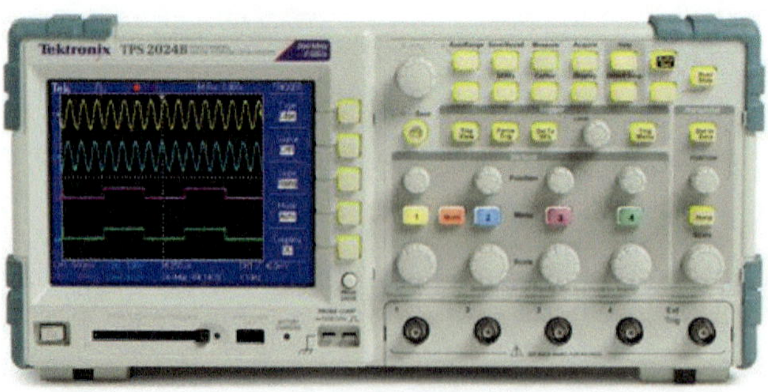

▌화면조정과 전원부▐

1) POWER : 전원 스위치를 누르면 ON이 되고 다시 한 번 누르면 OFF가 된다.

2) INTENSITY : 밝기(휘도 intensity)를 조절한다.

3) FOCUS : 영상의 초점을 맞추는 데 쓰이며 휘도 조절기와 함께 가장 선명하고 보기 좋은 상태로 조작하도록 한다.

4) TRACE ROTATION : 화면이 기우뚱하게 되었을 때, 드라이버 등으로 좌우의 균형을 맞추는데 쓰인다.

5) SCALE ILLUM : 눈금의 밝기를 조절하며, 어두운 곳에서 관측할 때나 화면의 사진 촬영을 할 때 사용한다.

■ **수직 증폭 부**

6) CH 1, X IN 커넥터 : 입력 신호를 CH1 증폭부로 연결하거나 X-Y 동작 시 X축 신호가 된다.

7) CH 2, Y IN 커넥터 : 입력 신호를 CH2 증폭부로 연결하거나 X-Y 동작 시 Y축 신호가 된다.

8) AC/GND/DC 절환스위치 : 입력신호와 수직 증폭단의 연결방법은 선택할 때 사용한다.

GND 상태 : 해당 채널의 파형에 대한 기준위치(ground)를 나타낸다. 스위치를 이 상태에 놓으면 수평선이 나타나고 그 위치가 기준위치, 즉 0[V]의 상태이다.

DC 상태 : 일반적인 측정에서는 항상 이 상태로 놓고 측정한다. AC-DC를 모두 볼 때 사용한다. 입력전압의 크기가 GND 상태의 기준위치에 내한 높이로서 나다난디.

AC 상태 : 파형 중에서 DC 성분을 제외한 나머지 AC 성분만을 따로 보고자 할 때 사용한다. 기준위치를 중심으로 교류 성분만이 나타난다.

9) VOLTS/DIV : 화면상의 높이를 나타내는 격자 눈금(division) 간의 간격을 조절한다. 예컨대, 2V/DIV으로 나타나는 파형의 크기는 증가하고 높은 값으로 맞출수록 파형의 크기가 감소한다.

10) VARIABLE : 파형의 크기를 연속적으로 증감시킨다. VOLTS/DIV보다 민감하게 조절할 수 있으며, 이를 돌려놓으면 VOLTS/DIV의 눈금 간격이 맞지 않게 되므로 크기를 정확히 측정할 때에는 시계방향으로 끝까지 돌려 잠근 상태로 측정한다.(CAL 위치로의 전환하는 것이 된다.)

11) POSITION : 화면에 나타난 파형을 전체적으로 위아래로 이동시킨다. 측정을 행하기 전에 AC/GND/DC 전환 스위치를 GND로 놓은 상태에서 기준위치를 상하로 이동, 원하는 위치(예컨대 화면의 가운데)로 설정한 다음 측정한다.

12) V.MODE : 수직축의 표시형태를 선택하는 데 이용된다.

CH1 : CH1에 입력된 신호만 CRT상에 나타난다.

CH2 : CH2에 입력된 신호만 CRT상에 나타난다.

DUAL : CH1, CH2의 파형을 동시에 나타낸다.

ADD : CH1과 CH2의 신호가 더해져서 나타난다.

■ 소인과 동기부

13) HORIZONTAL DISPLAY : A와 B를 동시에 누르면 된다.
B TRIG'D : 지연 소인이 첫 번째 동기 펄스에 의해 동기 된다. X-Y:X-Y 동작이 선택된다.

14) A TIME/DIV, 23 B TIME/DIV : (sweep speed selection) : 화면상의 시간 축(좌우) 눈금 크기의 변경에 사용된다. 짧은 주기를 갖는 신호나 긴 주기의 신호를 조절하여 스코프의 화면에 나타나도록 한다.

15) DELAY TIME POSITION : A소인에서 B소인을 선택했을 때 정확한 시작점을 맞추는 데 사용한다.

16) VARIALBE : 교정된 위치로부터 소인 시간을 연속적으로 변화시키는 데 사용한다.
PULL X10 MAG스위치 : 이 스위치에 위치하면 소인 시간이 10배로 확대되며 이때 소인 시간은 TIME/DIV지시치의 1/10배가 된다.

17) HORIZONTAL POSITION : 광점의 위치를 수평 방향으로 이동시키는 조절기이다. (파형의 측정과는 독립적으로 사용된다.)

18) TRIGGER MODE : 소인 동기 형태를 선택한다.
AUTO : 일반적인 사용에서는 이 위치가 편리하다.

19) TRIGGER SOURCE : 트리거를 어디에 기준으로 할 것인가를 선택한다. CH1에 입력된 신호가 동기 신호원이 된다. CH2에 입력된 신호가 동기 신호원이 된다.
LINE : 교류전원에 동기 시키고자 할 때 사용한다.
EXT(external) : 외부에서 SOURCE를 통해 별도의 동기 신호를 줄 때 사용한다. 일반적으로 측정하고 있는 채널에 맞추어 놓으면 된다.

20) HOLD OFF : 주 소인의 HOLD OFF 시간을 변경시켜 복잡한 신호를 확실하게 동기 시킨다. 소인 시간을 늘려서 고주파 신호나 불규칙한 신호 또는 디지털 신호등의 복잡한 신호를 동기 시키는 데 유효하다.

21) TRIG LEVEL : 동기 신호의 시작점을 선택한다.

22) READ OUT : SELECT : 이 스위치는 CURSOR 선택 모드 기능으로 D커서, REF커서와 TRACKING 커서를 변환시킨다. DV.DT, I/DT : 이 스위치는 DV.DT,I/ DT의 모드를 전환시킨다. ON/OFF : DV와 SELECT를 동시에 누르면 READ OUT 기능이 ON 또는 OFF이므로 TOGGLE 된다.

23) PROBE ADJUST : PROBE 보정과 수직 증폭기 교정을 위한 구형파(0.5V, 1kHz)를 출력한다. 눈금을 확인할 때 쓰인다.

2-1-4 Frequence Counter(주파수 카운터)

▌주파수 카운터▐

주파수 카운터란 신호의 주파수가 얼마인지 측정하는 장치로 측정은 매우 단순하다. 프로브를 측정하고자 하는 신호의 그라운드와 입력단에 접속하면 측정이 되어 화면에 표시된다. 가격에 따라 측정하고자 하는 최대 측정치가 다르지만 적은 신호의 고주파 신호를 측정할 때 신호가 프로브 임피던스 때문에 감소되어 측정이 안 되는 예도 있다.

2-2 기본 실습 장비

2-2-1 파워 서플라이

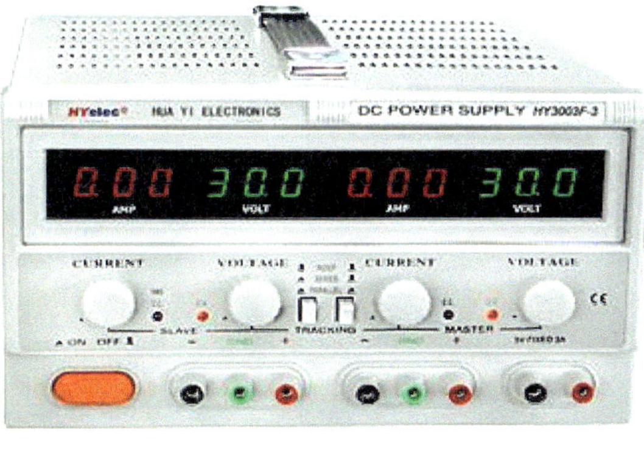

▌파워 서플라이▐

전원 공급기(Power Supply)는 직류 또는 교류의 전원을 공급하는 장비로 일반적으로 그 공급 전원의 주파수는 가변 될 수 없는 형태가 대부분이다. 일반적으로 모든 전원 공급기에는 내부 저항이 있다. 이 내부 저항이 큰 경우에는 부하 값의 변화에 따라 출력전압이 크게 변화된다. 실험실에서 사용하는 직류 전원 공급기는 정전압의 안정화 전원 공급기로써 이때 내부 저항은 극히 작아서 부하값이 변화하더라도 어느 범위 내에서는 출력전압이 거의 변화하지 않는다. 일반적으로 2전원 공급 장치를 구비 하고 있으며 부극성 공급 전원을 갖춘 공급기도 있다. 시험회로의 안전을 위하여 과전류 공급 보호 장치와 최대전류 제한 기능을 갖춘 장비도 있으므로 부하에 예기치 않는 과전류를 공급하는 실수를 하지 않도록 미리 적정한 전류값을 설정해서 사용하는 것이 안전하다. 전압은 원하는 전압으로 설정하면 되는데 일반적인 DC 전원공급 장치는 0~24V 정도이지만 그 이상의 전원공급 장치도 있다.

2-2-2 브레드보드

일반 사용자용 회로에 대하여 특정 기능을 추가, 변경할 수 있도록 소켓 등을 갖추어 세트로 한 것으로, 브레드보드란 판에 IC나 LSI 기타를 담은 모습이 각종 트레이 등의 판에 담은 것처럼 보이기 때문이다.

브레드 보드

3

데이터 통신 기초

3-1 Serial과 Parallel 통신

Serial과 Parallel 통신 비교설명과 예

Serial이란 연속적인, 순차적인 이라는 뜻이며 컴퓨터 통신에서의 Serial 통신은 직렬통신을 뜻한다. 순차적이라는 뜻을 가진 것처럼 데이터를 한 번에 하나의 비트만을 전송한다. 데이터를 일렬로 보내기 때문에 대조적인 병렬통신에 비교했을 때 전송속도가 느리지만, 더 멀리 전송할 수 있고, 단순하다는 장점이 있다.

Parallel이란 평행한, 병렬이라는 뜻이며 컴퓨터 통신에서의 Parallel은 병렬통신을 뜻한다. 병렬이라는 뜻처럼 데이터를 한 번에 여러 개를 전송한다. Serial 통신 같은 선로가 여러 개 있기 때문이다. 이로 인해 Serial 통신보다 속도는 빠르지만, 여러 개의 데이터가 한 번에 도착하기 때문에 동기화를 고려해야 하며, 통신 거리가 짧다.

예를 들어 char모양의 데이터를 보낸다고 가정해보자. char 모양의 데이터는 8bit이다. 따라서 Serial 전송은 데이터를 8번에 걸쳐 보내야 하지만 선이 8개인 Parallel 통신은 한 번에 전부 보낼 수 있다. Serial과 Parallel 통신에서 통신 거리가 차이 난다고 하는 이유는 케이블에 흐르는 전압과 전류장이 일정하다는 가정 하에서이다. 전압과 전류를 물로 생각하면 쉽게 이해할 수 있다. 같은 물을 흘리는데 물이 나가는 구멍이 하나인 것(Serial)과 구멍이 여러 개인 것(Parallel)의 물의 세기를 비교하면 당연히 구멍 하나가 더 센 것과 같다.

위의 내용은 기본적인 과거의 이론 내용이고 시간이 지날수록 하드웨어 기술이 향상됨에 따라 데이터 클록 발생의 속도가 엄청나게 증가했다(초당 전기신호를 출력하는 속도를 뜻한다). Parallel 통신의 가장 큰 단점은 한 번에 보낼 수 있는 데이터의 양은 많지만, 이 데이터를 동기화해야 하는 점인데 클럭 속도가 증가함에 따라 한 줄로 전송하는 Serial 통신보다 오히려 복잡해지면서 속도도 별로 차이가 나지 않게 되는 현상이 발생하였다. 근거로는 과거에는 프린터기에 연결하는 케이블이 넓적한 Parallel 케이블로 되어 있었지만, 최근에는 얇은 Serial 케이블로도 가능하다.

Serial 통신의 대표 예로는 USB, 최신 프린트 기기, 블루투스 등이 있고 Parallel 통신의 대표 예로는 과거 프린트 기기, 모니터 선 등이 있다.

3-1-1 통신 속도

데이터 전송 속도를 뜻하는 용어이다. Data Rate는 Bit Rate와 Baud Rate로 나눌 수 있다. Bit Rate는 초당 얼마나 많은 데이터 비트를 전송하느냐를 뜻한다. 전송 단위 중 'BPS'는 Bit Per Second의 약자로서 초당 몇 비트를 전송하느냐를 뜻한다. 예를 들어 1초에 9600bit를 전송한다면 9600 bps가 되는 것이다.

Baud rate는 초당 얼마나 많은 데이터 묶음을 전송할 수 있는가를 뜻한다. 여기서 의미 있는 데이터 묶음을 Symbol이라고 부른다. 전송 단위 중 baud는 초당 의미 있는 데이터를 몇 묶음 전송할 수 있는가를 뜻한다. 예를 들어 ASCII 코드를 이용해서 데이터를 전송하는데 9600bps로 전송한다고 가정해보자. ASCII코드는 8bit로 이루어진 데이터이기 때문에 Symbol 1은 8bit가 된다. 이 경우 baud는 9600/8인 1200 baud가 되는 것이다.

3-1-2 모뎀

모뎀이란 Modulator-Demodulation을 줄인 표현이다. 일반 전화회선은 아날로그 음성신호를 전화선을 통하여 보내고 받는다. 이러한 아날로그 회선에 컴퓨터에서 사용하는 디지털 신호를 전송하기 위해서는 디지털 신호를 아날로그 회선에 실어 보낼 수 있도록 변환하는 것을 변조(Modulation)라고 하고 그 반대인 것을 복조(Demodulation)라고 하는데 이러한 역할을 하는 기기를 모뎀(변복조기)이라고 한다.

예전에는 전용선으로 4선식 전용 모뎀이 있고 일반 전화선으로 이용하는 2선식 모뎀이 있었다. 인터넷 발달과 더불어 VDSL이나 ADSL(xDSL이라고 부른다) 신호 전송 방법이 개발되어 사용했지만, 지금은 거의 광케이블화하여 디지털 신호를 아날로그로 변환하지 않고 그대로 광케이블을 통해 광 전송하는 시대가 되었다. 광 전송 시대에도 전기신호를 광신호로 변화하여 보내주고 광신호를 다시 전기신호로 변환해주는 광신호 송수신 역할을 하는 장비를 흔히 광모뎀이라고도 한다.

음성전화선에서 모뎀과 같은 방법으로 지금도 사용하는 방식이 FAX인데 FAX 전송 방식이 모뎀과 유사하다.

통신의 발달로 통신을 위한 모뎀의 형태도 많이 바뀌었지만, 기본적인 것은 원래 신호를 그대로 전송하지 않고 변환하여 전송하는 것을 큰 의미로 모뎀이라고 할 수 있다.

3-1-3 아날로그 및 디지털 입출력

Analog란 연속적으로 변화하는 것을 뜻한다. 따라서 컴퓨터에서 말하는 Analog 신호란 계속 값이 변화하는 신호를 뜻한다. 사람이 인식하는 신호를 Analog신호라고 할 수 있다(소리, 빛 등 대부분의 물리 현상). Digital은 Digit라는 단어에서 나왔으며 손가락이라는 뜻이다. Digital은 0과 1의 숫자를 의미한다. 사람은 Analog 신호를 사용하고 컴퓨터는 Digital 신호를 사용한다. 아날로그 입출력이란 컴퓨터에 아날로그 데이터를 입력하거나 출력하는 것을 말한다. 예를 들면 소리가 있다. 컴퓨터에 Digital 신호를 입력 후 값을 출력하면 0과 1로만 표현이 되지만 Analog 신호를 표현하면 0과 1이 아닌 다양한 범위의 숫자가 나온다(변환 장치에 의해 수치로 표현된 것이다. 실제로 컴퓨터는 Digital 정보밖에 다루지 못한다). 소리를 예로 들면 낮은음의 소리는 낮은 숫자, 높은음의 소리는 높은 숫자가 나오는 식이다. 컴퓨터가 사람의 신호를 이해하기 위해서는 Analog 신호를 Digital 신호로 변환해야 한다. 이런 기능을 수행하는 회로를 ADC(Analog to Digital Converter)라고 한다. Analog 신호를 Digital 신호로 변환하는 과정을 PCM이라고 하며, [표본화 양자화 부호화]의 단계를 거치게 된다. PCM의 자세한 설명은 생략하지만 마이크로프로세서에서는 많이 활용되고 있다. 온도습도 센서는 아날로그값을 출력하는데 이 아날로그 값을 받아서 디지털로 변환하는 입력포트가 있으며 이 값들은 전압의 값으로 10bit 분해능을 가진 ADC는 2의 10승에 해당하는 값으로 변환한다. 예를 들어 0~5V 사이의 전압값을 10bit ADC에서는 0~1023 사이의 디지털 값을 얻을 수 있다. 반대로 Digital 신호를 Analog 신호로 변환하는 것은 DAC(Digital-to-Analog Converter)라고 한다. 이런 변환을 이용하는 대표적인 예로는 MP3 플레이어가 있다. MP3 파일은 디지털이지만 이 신호를 아날로그로 바꾸어 증폭하여 들려주는 것이며 이렇게 Digital 신호를 Analog 신호로 바꿔주는 것을 DAC(Digital To Analog Converter)라고 한다. 마이크로 컨트롤러에도 이러한 DAC 기능을 하는 포트가 있다.

3-1-4 RS-232c

Serial 통신을 위한 규격 중 하나이다. 사용하는 핀의 개수는 총 10개이며, Serial 통신이기 때문에 송/수신에 2개, 제어선 5개, 접지선 3개로 구성되어 있다.

1:1 통신을 제공하며, 전송 최대 길이는 15m이다. 통신 속도는 최대 1Mbps까지 전송할 수 있다. (초당 1MB 전송 가능) 임베디드 보드에서는 보통 모니터 시리얼 통신 등에 사용하고, 속도문제로 인해 데이터 전송에는 잘 사용하지 않는다(파일 전송 등은 랜선을 주로 쓴다).

데이터 송/수신 선이 2개인 이유는 전이중 통신을 하기 위해서이다. 만약 선이 하나뿐이라면 데이터를 보내고 있을 때 받을 수가 없게 된다. (전이중 통신 : 동시에 송/수신 가능, 반이중 통신 : 송/수신 중 하나씩만 가능)

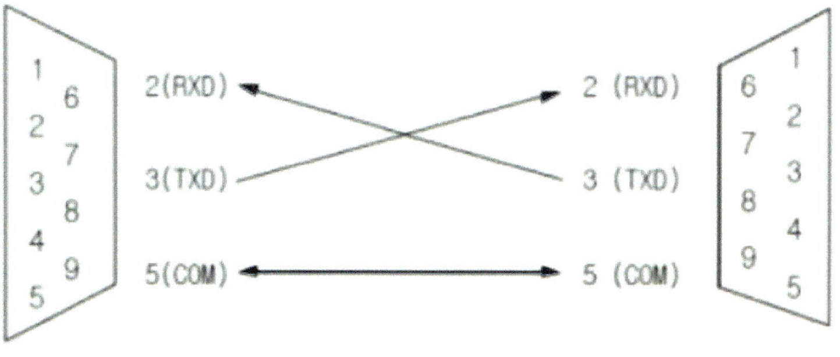

9핀 RS232C 크로스 연결방법

RS232C 장비가 모뎀 없이 직접 연결하여 사용할 때는 위의 그림처럼 3가닥의 선으로 구성하여 통신할 수 있지만, 초기 RS232c 규격은 9핀이 아닌 25핀 커넥터로 접속되어 있으며 모뎀과 연결을 위해 주로 사용해 왔으나 지금은 모뎀을 거의 사용하지 않는 관계로 25핀 배열은 거의 사용되지 않고 있다. 이 3가닥의 선 외에도 송수신 간 핸드 쉐이킹을 위한 여러 신호가 있으며 신호들의 표시는 공통선(GND)에 대하여 +에서 -까지 신호 전압이 스윙한다는 점이다. 초기에는 ±12V까지 스윙했지만, 지금은 ±5V를 대부분 많이 사용 중이며 이 규격이 서로 맞지 않으면 데이터는 에러가 많이 발생한다. 가장 오래된 규격 중 하나이면서 결선법도 다양하고, 여러 가지 버전이 많아 상호 확실한 이해가 없이 이기종 간 연결하는 데는 약간의 숙고를 해야 한다. 최근에는 USB 포트에서 RS232-C 컨버터가 많이 사용되는데 이때도 입출력 신호의 전압이 ±5V인지 꼭 확인이 필요하다.

3-1-5 USB

Universal Serial Bus의 약자이다. 범용직렬버스라고 부르며, 시리얼 포트나 패러럴 포트를 이용하여 연결하는 컴퓨터 주변기기들을 더 쉽게 이용하기 위해 제작되었다(이전의 포트들은 부피가 크고 속도가 느렸다). 버전에 따라 성능이 다르고 종류에 따라 모양이 다르다. USB는 선 4개로 구성되어 있으며 2개는 +선과 −선(일반적으로 +선은 빨간색, -선은 검은색이다) 나머지 2개는 송/수신을 위한 선이다. 데이터 송 /수신선을 2개 사용하는 이유는 RS-232C와 마찬가지로 전이중 통신을 사용하기 위해서이다. 데이터만을 송/수신하는 것이 아닌 +/-선을 이용하여 충전역할도 수행할 수 있지만, 단순히 케이블만을 사용하면 충전량이 미비하다. 컴퓨터에 연결한 휴대전화 USB 선으로 충전하려면 전류가 약하기 때문에 오래 걸린다. 많은 장치들(마우스, 키보드 등의 주변장치들)이 USB를 이용하여 연결되어있다. USB 버전은 크게 1.0 2.0 3.0으로 구분할 수 있고 우리가 보통 휴대전화에 사용하는 USB는 2.0이다. 버전이 올라갈수록 데이터 속도 같은 성능이 더 증가한다. USB 2.0의 이론적인 최대 전송속도는 60Mbps이지만 실제 전송량은 30Mbps 정도밖에 못 미친다. USB 3.0의 경우에는 이론적인 최대 전송속도는 5000Mbps이다.

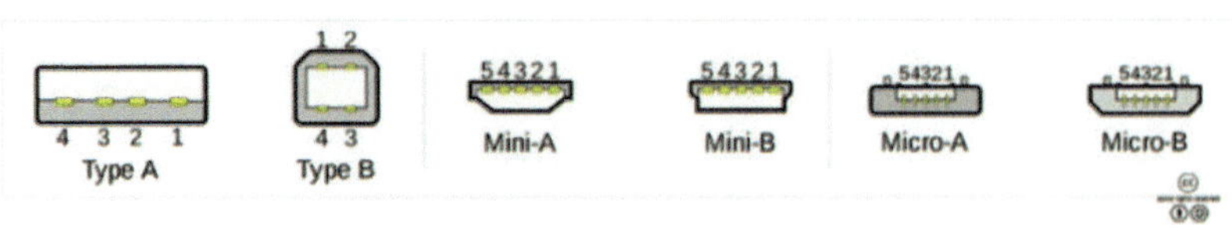

USB 커넥터 종류

▌USB 커넥터 사진▌

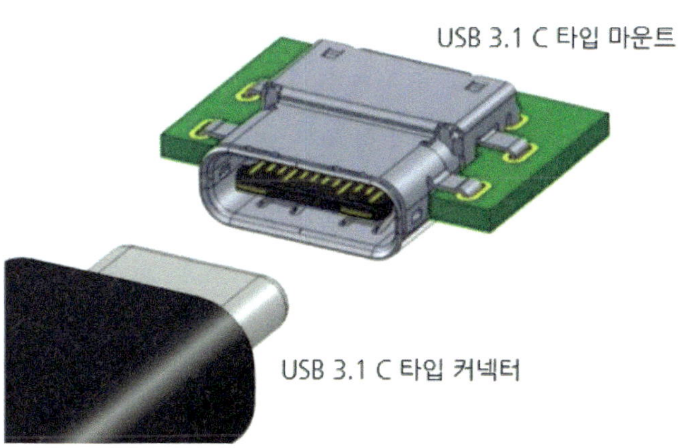

▌USB 3.1 커넥터 형태▌

USB를 인식하는 컨트롤러는 하나의 컨트롤러에 최대 127개의 USB를 장착할 수 있도록 설계되어 있다. USB를 장착하는 구멍이 127개라는 것은 아니고, 하나의 구멍에 허브를 이용해서 여러 개를 꼽을 수 있다. USB의 단점은 하나의 컨트롤러가 127개까지 인식 가능하지만 인식 USB의 개수가 늘어날수록 속도가 떨어진다.

3-1-6 SPI

SPI는 근거리용 고속 직렬 동기식 통신 규격이다. Motorola에서 개발한 통신 규격이다. SPI (Serial Peripheral Interface)는 I^2C, CAN, UART와 같은 시리얼 통신(직렬통신) 방식 중 한 가지로, 마이크로컨트롤러, 시프트 레지스터, SD카드 등의 소형 주변 장치 사이에 데이터를 전송하기 위한 기능이다. 간단하게 기기와 기기, 즉 칩(IC)과 칩 간에 데이터를 주고받기 위한 통신방법 중 한 가지이다.

▪ SPI 통신의 특징

- 1대 다수의 통신을 지원하는 동기식 통신방식(다수의 통신을 위해서는 다수만큼 선이 필요하다는 단점이 있음).
- 동시에 송수신할 수 있음.
- I^2C 에 비해 속도가 빠름.
- 간단하게 배선이 가능하며, 단순 센서, 메모리와 같은 칩과 칩 사이의 통신에 많이 사용함
- RS-232, CAN 버스보다 비교적 짧은 거리에서 동작함.
- 하나의 마스터 장치만 지원함.

▪ 통신방법

하나의 마스터 기기, 하나 이상의 슬레이브 기기를 연결.

▪ SPI 통신을 위한 구성 핀 알아보기

4개의 단자 MISO, MOSI, SCK, SS가 있다. 디바이스마다 신호의 이름을 약간 달리 표시하기도 하지만 아래 표를 참고하면 된다.

신호단자 이름	다른 이름	설명
SCLK	SCK, CLK	Serial Clock
MOSI	SDI, DI, SI	Master Output Slave Input
MISO	SDO, DO, SO	Slave Output Master Input
SS	nCS, CS, nSS, STE, CE	Slave Select, Chip Enable

▌SPI 통신 연결 신호▐

SCK, MOSI, MISO, SS는 핀 단자를, 선은 기기 간의 연결을, 화살표는 전송 방향을 나타낸다.

- SCK : 클럭 전송을 위한 단자로, 마스터에서 슬레이브로 클럭을 전송한다.
- MOSI : M→S 데이터 전송을 위한 단자로, 클럭을 전송하면 마스터에서 슬레이브로 데이터를 보낸다.
- MISO : S→M 데이터 전송을 위한 단자로, 클럭을 전송하면 슬레이브에서 마스터로 데이터를 보낸다.
- SS : 마스터 장치에서 슬레이브 장치를 선택하기 위한 단자이다.

■ SPI 통신의 원리

아래의 그림으로 SPI 통신의 원리를 알아보도록 하자.

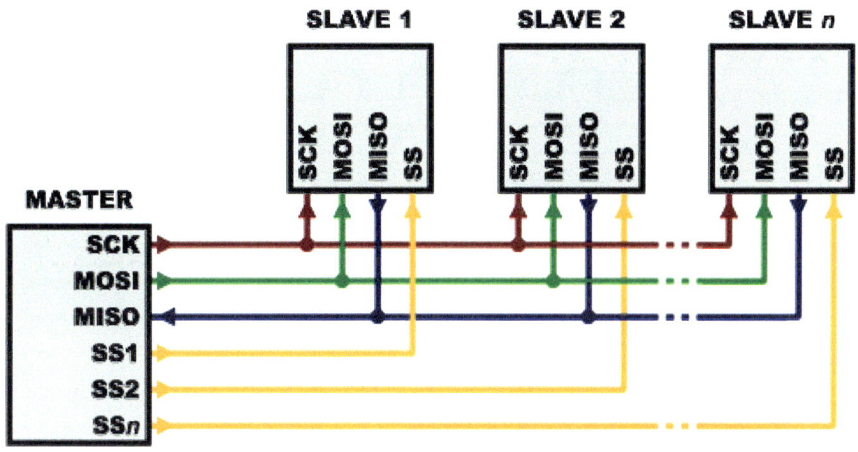

SPI 통신 마스터-슬레이브 구성도

1개의 마스터 장치와 3개의 슬레이브 장치 간의 SPI 통신을 나타낸 그림이다.

SS를 통하여 기기를 선택하고, 마스터에서 슬레이브로 클럭을 전송하면 마스터 기기와 슬레이브 기기가 데이터를 주고받는다.

SPI는 직렬 동기식 통신방식으로 Full Duplex 통신이 가능하다. 클럭은 Master에서 제공해주기 때문에 마스터의 동작 클럭이 SPI 통신 속도에 영향을 준다.

Master는 하나, Slave는 여러 개를 사용할 수 있다. 이때, MISO와 MOSI, CLK은 같은 라인으로 사용할 수 있지만, NSS는 Slave마다 따로 주어야 한다. NSS는 Negative Slave Select로 각 Slave를 구분하기 위한 신호이다.

아래 그림은 SPI 통신을 할 때 나타나는 신호 파형이며, 그림을 참고하여 더 자세히 살펴보겠다.

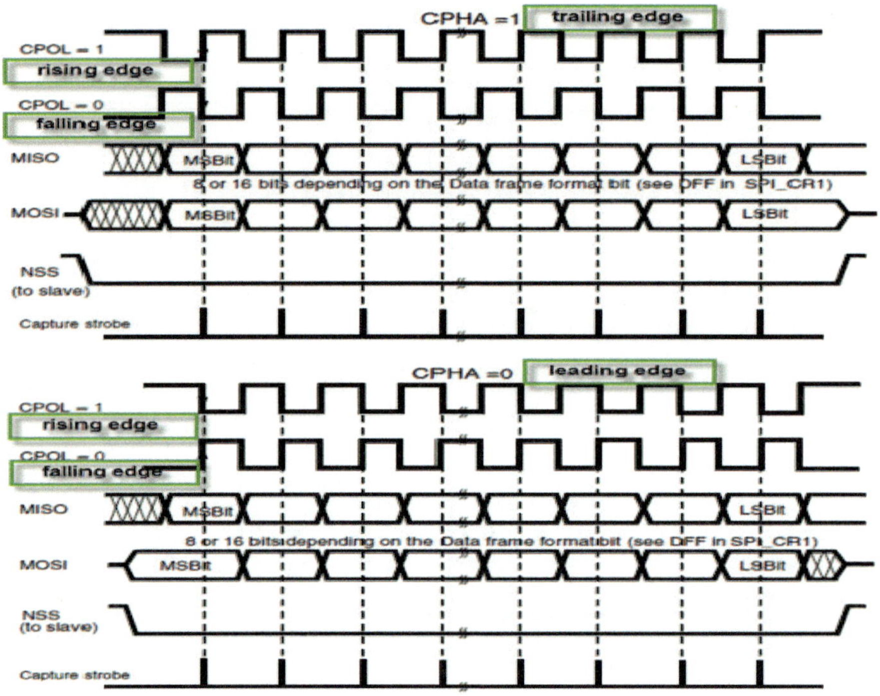

▌SPI 통신 타이밍 다이어그램▐

SPI 통신은 총 4가지 동작 방식을 가질 수 있다. rising edge 혹은 falling edge, leading edge 혹은 trailing edge를 선택하여 4가지 방법을 만들 수 있다.

CPHA	CPOL	설명
0	0	leading edge, rising edge
0	1	leading edge, falling edge
1	0	trailing edge, rising edge
1	1	trailing edge, falling edge

▌SPI 동작 방식▐

또 한 가지 볼 수 있는 특징은 NSS가 LOW일 때 MISO와 MOSI의 데이터를 동시에 가져온다는 것이며, Full-duplex로 Tx와 Rx가 동시에 이루어지는 것을 볼 수 있다. 그렇다면 CC2520에는 어떤 통신방법을 사용해야 할까? CC2520 데이터 시트에서 SPI 타이밍 다이어그램을 가져와 보도록 하겠다.

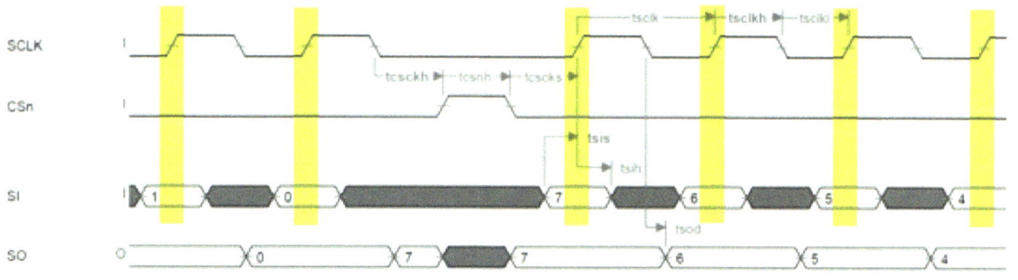

SPI 통신 타이밍 다이어그램

위의 그림에서 볼 수 있듯이 CSn이 LOW일 때 그리고 SCLK가 rising edge일 때 SI 데이터를 가져가는 것을 볼 수 있다. 즉, leading edge, rising edge 방식으로 작동하는 것이며, 따라서 CPHA는 0, CPOL 값도 '0'이 되어야 한다. CSn은 SPI를 위한 input enable signal이고, CSn 신호가 High가 되면 reset이 된다.

3-1-7 I²C

I²C 통신(아이-스퀘어 씨)은 SPI 통신, UART 통신과 더불어 아두이노에서 가장 많이 사용되는 통신 중 하나이다. 풀 네임은 Inter-Integrated Circuit로 필립스라는 네덜란드의 기업이 개발한 동기식 직렬 통신방식이다.

I²C 통신은 복잡한 센서 값들을 처리해야 하는 경우 칩에서 센서값을 계산한 뒤에 메인 MCU에 결과를 전달해주는 방식에 많이 이용된다.

- **특징**

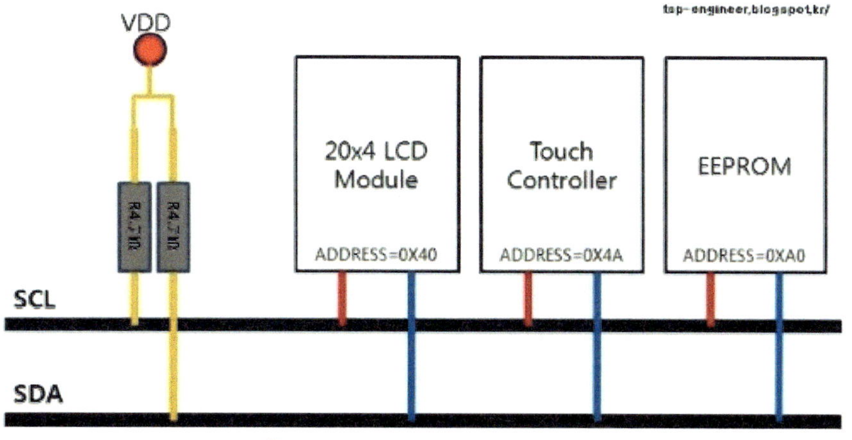

I²C 통신 신호선 연결방법

- Serial Data(SDA)와 Serial Clock(SCL), 이 두 개의 선만 있으면 통신할 수 있다.
- 위 이미지처럼 마스터 하나가 적은 핀으로 여러 Slave를 컨트롤 할 수 있어 I/O 핀이 절약된다.
- UART 통신과는 다르게 동기 통신(안정적)이다.
- 속도가 느리다. 표준 모드(100kbit/s)

앞에서 설명한 RS232C (UART) 통신은 RX, TX 선으로 데이터를 주고받는 방식이다. I²C 통신도 두 가닥으로 통신을 하지만, 클록(SCL)과 데이터(SDA) 이렇게 2선이 필요하다.

여기서 드는 의문점 한 가지는 왜 I²C 통신이 필요할까? 그냥 RS232C로 하면 되지 않을까? 라는 것이다. I²C 통신은 필립스에서 처음 만든 통신방식으로, 처음에는 필립스 혼자서만 사용하다가, 이 통신방식이 가지는 여러 가지 장점 때문에 지금은 널리 사용되고 있는 방식이다.

어떤 점이 RS232보다 편리할까? 일단 1:N 통신이 가능하다. 마스터칩 하나가 동일 선상에 여러 개의 SLAVE칩 통신을 관리할 수 있다.

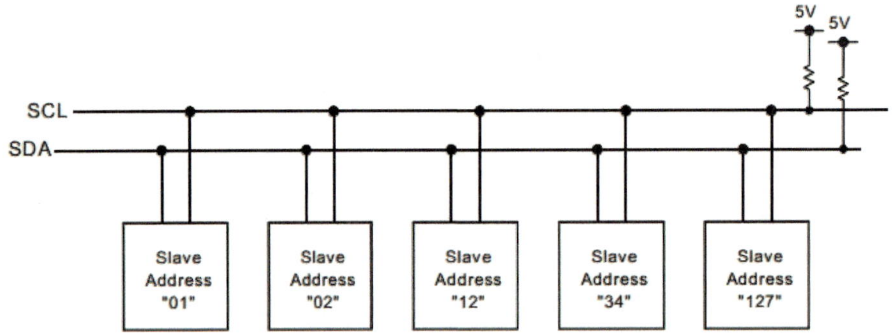

I²C 통신 회선 구성 방법

MCU의 I/O핀을 적게 쓰면서, 많은 디바이스와 통신을 할 수 있게 된다. 두 번째는 시간에 크게 구애를 받지 않는 동기 통신방식이라는 것이다. RS232C는 보레이트(전송속도)를 정확히 지켜 주어야 받는 측에서 그 값을 판단할 수 있는데,

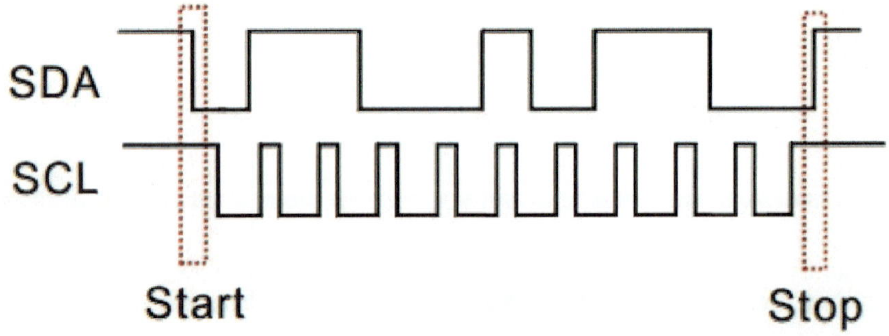

I^2C는 클록 신호에 맞추어서 데이터 신호를 바꾸어주면 되기 때문에, 보내는 MCU 입장에서는 타이밍이 다소 틀어져도 정확한 값을 전달할 수 있다. 극단적인 예로 한 바이트를 완성하는 8개의 클록 중, 앞에 4개와 뒤에 4개가 1시간 간격으로 떨어져 있어도 된다는 뜻이다.

상황이 이렇다 보니, 간단한 메모리 소자 (EEPROM 등), AD칩, DA칩, OSD칩 등 많은 디바이스들이 I^2C 방식을 지원하고 있다. 다음은 EEPROM과 CUBLOC을 연결한 회로도이다.

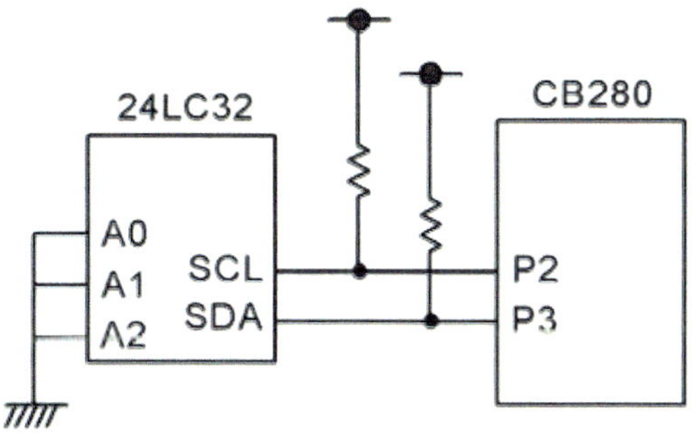

I^2C 통신 회로 구성 예

보이는 것처럼 SCL, SDA 라인에 풀업 저항(대략 4.7K 옴)은 필수적이다.

■ **플로팅(Floating)현상의 이해**

- 플로팅의 사전적 의미는 떠 있다, 부유하다, 미끄러지다, 유동적인 등의 뜻으로 MCU가 인식하기 어려운 상황을 의미한다. 즉, Active high인지, Active low인지 모르는 상황이 된다. 그렇게 되면 출력에 대한 확실한 결과를 얻지 못한다. 풀업 저항은 그런 문제를 해결해 준다.

풀업(PULL-UP)		풀다운(PULL-DOWN)	
ON	0(LOW)	ON	1(HIGH)
OFF	1(HIGH)	OFF	0(LOW)

4

드론 회로 기초

4-1 드론 전자회로의 기본 구성

4-1-1 드론 전자회로 구성도

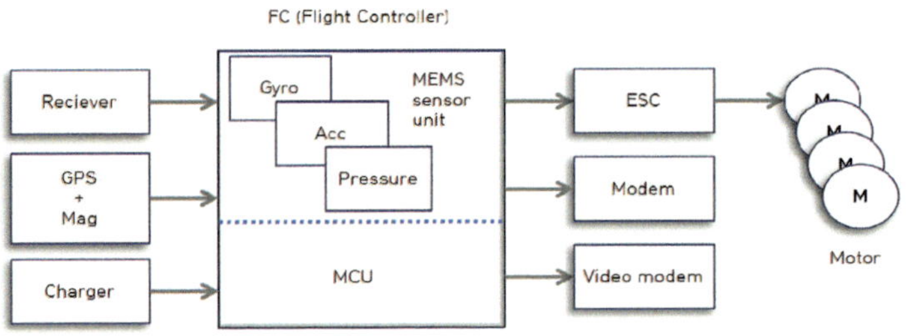

▌소형 드론의 제어장치 구성도▐

일반적인 드론의 간단한 구조는 위의 그림과 같다. 각 부의 간단한 기능을 살펴보면 다음과 같다.

- FC(MCU) : 플라이트 컨트롤러의 약어로 FC라고도 하며 위의 FC 전체 유닛에 센서와 다양한 부품들이 내장돼 있다. MCU는 각종 연산, 제어를 담당하고 최종 출력 값을 전송한다.
- Reciever : 조종기로부터 전송되는 변조 신호를 받아 처리하는 수신기를 의미하며, 수신기로부터 PPM, SBUS 등의 정형화된 신호를 받아 조종 신호를 분석하도록 한다.
- Charger : FC에 전원을 공급하기 위한 5[V]레벨을 의미하며 별도의 배터리를 연결하는 것이 아닌, BEC와 같은 전원공급 장치의 충, 방전하며 필요할 때 FC에 공급하는 별도의 장치이다.
- GPS+Mag : GPS 모듈에 포함되는 구성요소로 지자기 센서를 포함하는 경우가 대부분이다. 지자기 센서를 예전처럼 FC 내부에 장착할 경우 자기장의 영향으로 드론이 오동작하는 것을 방지하기 위해 항상 드론 본체보다 윗부분에 장착하도록 한다.
- 가속도 센서 : 가속도 센서는 비행 시 드론의 속도를 측정하는 센서로 대부분 가속 3축과

자이로 3축을 같이 측정할 수 있는 6축 자이로-가속도 센서를 사용한다. 1축은 1 axis이며 축 정보가 드론의 우수성을 나타내는 것은 아니다.

- 기압 센서 : 공기의 기압을 측정해 드론의 높이를 측정하는데 사용하는 센서이다. 가속도 센서의 Height(고도)값은 참조만 할 뿐이며, 주로 기압센서를 활용해서 고도를 측정하며, 분해능은 10cm급이다.

- ESC : 드론의 프로펠러를 구동하기 위한 회로로 FET 소자를 이용해서 MCU에서 출력되는 PWM 신호를 모터가 구동될 수 있는 전력 제어 역할을 한다. 이러한 기재를 전자 변속기(ESC)라고 한다.

- Modem : 드론의 원격제어 신호를 무선으로 송수신하는 부분으로써 초소형 드론의 경우 블루투스 통신방식을 많이 사용하며, 지상관제 센터와 통신하며, 각종 정보를 내려준다.

- Video modem : 드론의 실시간 영상정보를 모니터할 수 있도록 무선 영상전송 장비를 말한다. 출력은 전파법에 적용되지 않는 범위에서 사용해야만 한다.

- M(모터) : 최종 연산된 출력값은 전자 변속기(ESC)로 전송되며, 전자 변속기의 출력단에 연결된 모터는 3상(3-Phase)을 만들어 주기적으로 모터를 구동하게 된다.

이 밖의 드론의 크기 및 용도에 따라 다양한 센서나 통신, 카메라, 짐벌 등의 부가 기능을 추가할 수도 있다. 위의 내용은 가장 기본적인 형태의 드론 구성도를 보여준다.

4-1-2 드론 회로 구성 예

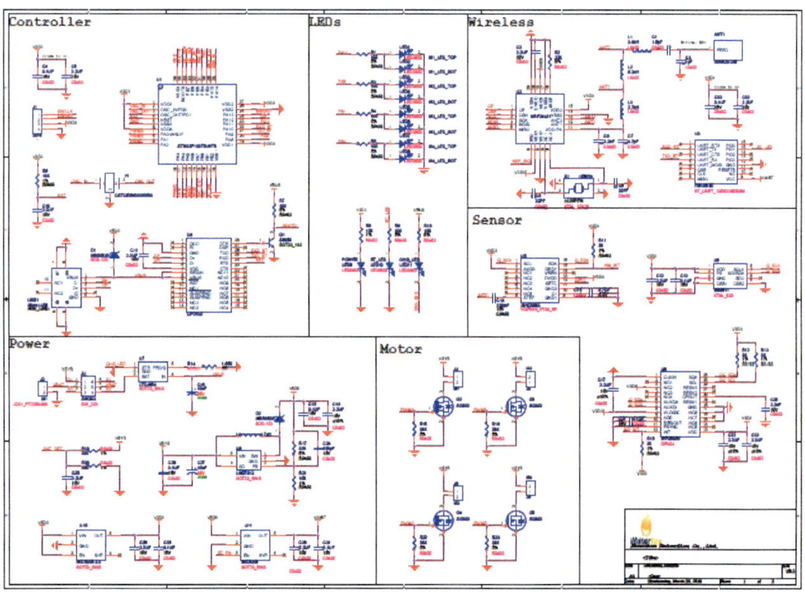

< 소형 미니 드론 회로도 >

위 도면은 초소형 드론의 실제 회로도이다. 이 회로를 중심으로 드론 회로의 기본 사항에 대해서 부분별로 회로 설명하기로 한다.

회로도에는 Controller, LED, Wireless, Sensor, Power, Motor 부분으로 크게 나뉘는데, 부분별 세부 회로도를 블록도와 회로를 곁들여 알아보도록 한다.

4-2 드론 전자회로의 분석

4-2-1 전원 회로 구성도

전원 회로는 기본적으로 공급된 전원에서 각 부분에 필요한 전압과 전류를 공급해 주는 부부이다. 우선 전원 회로를 설계하려면 구성된 부품의 공급전압과 전류를 알아야 한다. 예를 들면, MCU로 사용된 STM32F103TB IC의 공급전압은 3.3V DC이며 최대 소모전류를 1A라고 했을 때 기본적인 전원공급 장치는 USB 전원을 사용하므로 5V 전원이 공급되는데 이 전원을 바로 MCU에 공급할 수 없어서 LDO라 불리는 저전압 드롭아웃 레귤레이터를 써서 3.3V 전압에 1A 이상의 전류를 공급할 수 있도록 적절한 LDO를 선택하여 회로를 설계해야 한다.

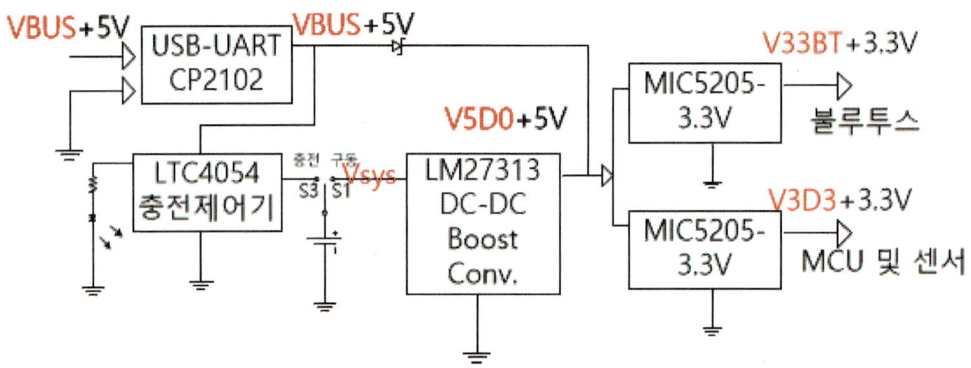

전원부 회로 구성도

드론 회로 중 전원부만 골라서 블럭도를 세부적으로 도시하면 위의 그림과 같다. VBUS는 USB 커넥터에 연결된 5V DC 전원이다. 이 전원은 분기되어 몇 군데로 제공된다. S1으로 전환되면 Vsys라고 표시된 배터리의 전원은 LM27313이라는 DC-DC Boost 컨버터라 불리는 회로를 거치면서 일정한 5V 전원을 공급하게 된다. 즉, 배터리 전압이 조금 낮더라도 이 컨버터 출력에는 DC 5V로 일정한 전압이 나오게 해주는 역할을 한다. Boost 컨버터란 낮은 전압을 높은 전압으로 바꿔주는 컨버터를 말하며, 반대의 레귤레이터 회로는 스텝 다운 레귤레이터라고 한다. 만약 USB에 PC가 연결되었을 경우 VBUS 전압이 제너다이오드를 거쳐 V5D0라고 하는 전원에 합류되도록 한다. 이는 배터리 전압이 조금 약해도 USB 전원으로 5V에 가까운 전원이 공급될 수 있도록 하기 위함이다. V5D0라는 전원은 회로에서 특정 IC에 직접 전원을 공급하는 곳은 없다.

MIC5205라는 LDO 레귤레이터로 전원을 공급하는 역할만 한다. 여기에서는 MIC5205 LDO IC를 2개 사용하였다. 이러한 방법은 LDO부하 전류가 많아서 한 개의 IC로 처리가 어렵다거나 아니면 잡음을 고려해 상호 전원을 분리 공급해야 할 상황에서 설계하는 때도 있다. V3D3이라고 표시된 3.3V 전원은 제어회로의 거의 모든 부분에 사용된다. V33BT라고 표시된 전원은 블루투스 용 UART에만 공급되고 있는데 블럭도에는 표시되지 않았지만, MCU에서 V33BT전원을 on/off 제어할 수 있도록 구성되어 필요할 경우만 MCU가 레귤레이터 동작을 할 수 있도록 구성되어 있으니 세부 실제 회로를 참고하시기 바란다.

위 회로와 블럭도를 비교해 가면서 보면 이해하기 쉬울 것이다. 해당 부분의 저항이나 콘덴서값의 결정은 사용된 IC의 DATA SHEET를 찾아보면 IC 사용을 위한 자세한 설명이 있다. 회로를 설계하는 데는 반드시 데이터 시트를 확보하여야 하고 그 데이터를 참고로 회로 설계 및 칩의 크기 형태, 핀별 기능 및 전압 공급 규격, 소모전류 등을 참고해야 한다. 아래 그림은 MIC5025 데이터 시트의 일부이다.

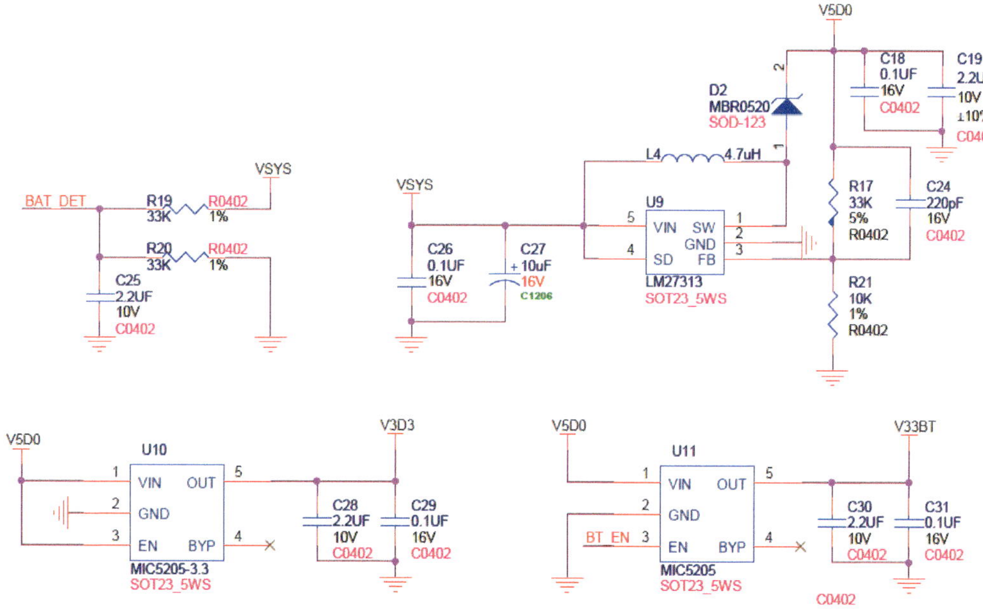

▌실제 전원부 회로도▐

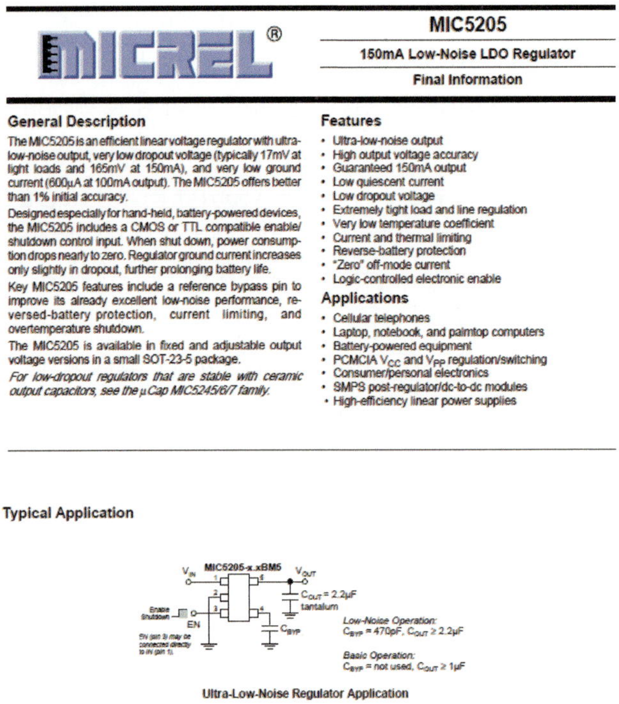

MICREL®

MIC5205

150mA Low-Noise LDO Regulator

Final Information

General Description

The MIC5205 is an efficient linear voltage regulator with ultra-low-noise output, very low dropout voltage (typically 17mV at light loads and 165mV at 150mA), and very low ground current (600μA at 100mA output). The MIC5205 offers better than 1% initial accuracy.

Designed especially for hand-held, battery-powered devices, the MIC5205 includes a CMOS or TTL compatible enable/shutdown control input. When shut down, power consumption drops nearly to zero. Regulator ground current increases only slightly in dropout, further prolonging battery life.

Key MIC5205 features include a reference bypass pin to improve its already excellent low-noise performance, reversed-battery protection, current limiting, and overtemperature shutdown.

The MIC5205 is available in fixed and adjustable output voltage versions in a small SOT-23-5 package.

For low-dropout regulators that are stable with ceramic output capacitors, see the μCap MIC5245/6/7 family.

Features

- Ultra-low-noise output
- High output voltage accuracy
- Guaranteed 150mA output
- Low quiescent current
- Low dropout voltage
- Extremely tight load and line regulation
- Very low temperature coefficient
- Current and thermal limiting
- Reverse-battery protection
- "Zero" off-mode current
- Logic-controlled electronic enable

Applications

- Cellular telephones
- Laptop, notebook, and palmtop computers
- Battery-powered equipment
- PCMCIA V_{CC} and V_{PP} regulation/switching
- Consumer/personal electronics
- SMPS post-regulator/dc-to-dc modules
- High-efficiency linear power supplies

Typical Application

Ultra-Low-Noise Regulator Application

MIC5205 데이터 시트

데이터 시트를 인터넷에서 검색하여 읽어 보면 더 자세한 내용을 알 수 있다.

4-2-2 충전 회로 구성도

4-2-1 전원 회로 구성도 중 USB로 공급된 VBUS 전원은 충전제어용 IC인 LTC4054에 공급되어 S3을 거쳐 배터리를 충전하는 데 사용된다. 따라서 S3을 충전 쪽으로 연결된 상태에서는 배터리가 충전되며 충전상태 표시는 충전제어기 옆에 있는 CHG LED 신호를 LED 표시장치로 보내 충전상태를 표시한다.

아래 실제 도면에서 IC의 핀 4번에 USB로부터 공급된 전원 5V가 입력되면 IC에서 3번 핀으로 충전전압 및 전류를 내보내고, S3을 거쳐 VBAT 단자를 통해 J2에 연결된 배터리로 공급되어 충전한다. LTC4054의 핀 1번은 충전상태를 표시하는 LED를 구동하는 신호 출력 선이다.

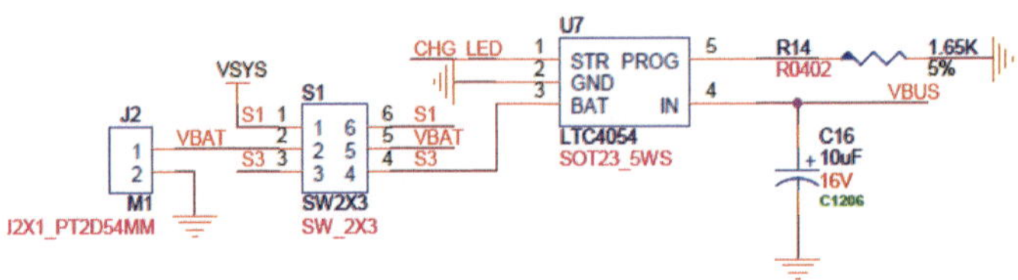

충전/구동 전환 및 충전제어 회로

4-2-3 USB 인터페이스 구성도

USB 인터페이스는 PC에서 MCU에 프로그램을 로딩하거나 디버깅 시 사용하는 포트이면서 동시에 전원을 공급하는 용도로도 사용된다. 아래 그림은 회로를 간략히 블록도로 이해하기 쉽도록 그린 것이다. USB 포트는 mini 또는 micro 커넥터를 통해 연결되는데 1번은 5V, 2, 3번은 데이터 신호선, 5번은 그라운드 선이다. 이 선들은 CP2102라는 USB-UART 변환 모듈로 연결되고 전원이 공급됨과 동시에 앞에서 학습한 V3D3전원이 MCU에 인가되면 RST 신호가 발생하고 이 신호로 CP2102는 BOOT0신호를 MCU로 보내 초기 부팅을 시작하도록 하는 중요한 부분이 구성되어 있다. 부팅이 끝나면 USB에서 보내온 DP/DN 시리얼 신호들은 CP2102에서 UART 신호로 변환되어 MCU의 데이터 송수신 라인으로 전달된다. 실제 세부 회로를 보면서 이해하시기 바란다.

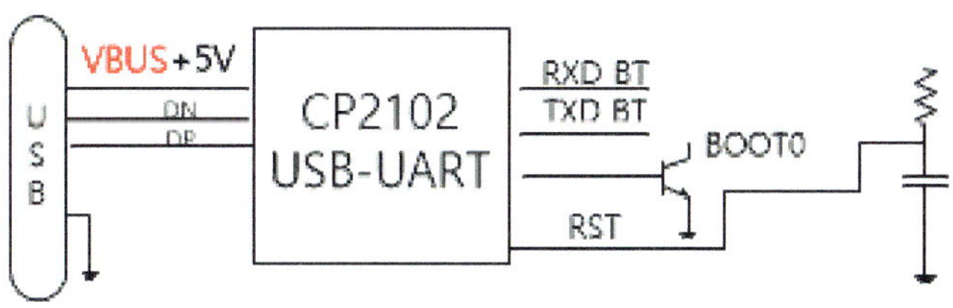

USB 인터페이스 구성도

cp2102 칩을 사용한 경우는 usb to ttl이라는 소형 모듈처럼 pc와 슬레이브(타겟보드) 간에 통신해야 할 경우 사용된다.

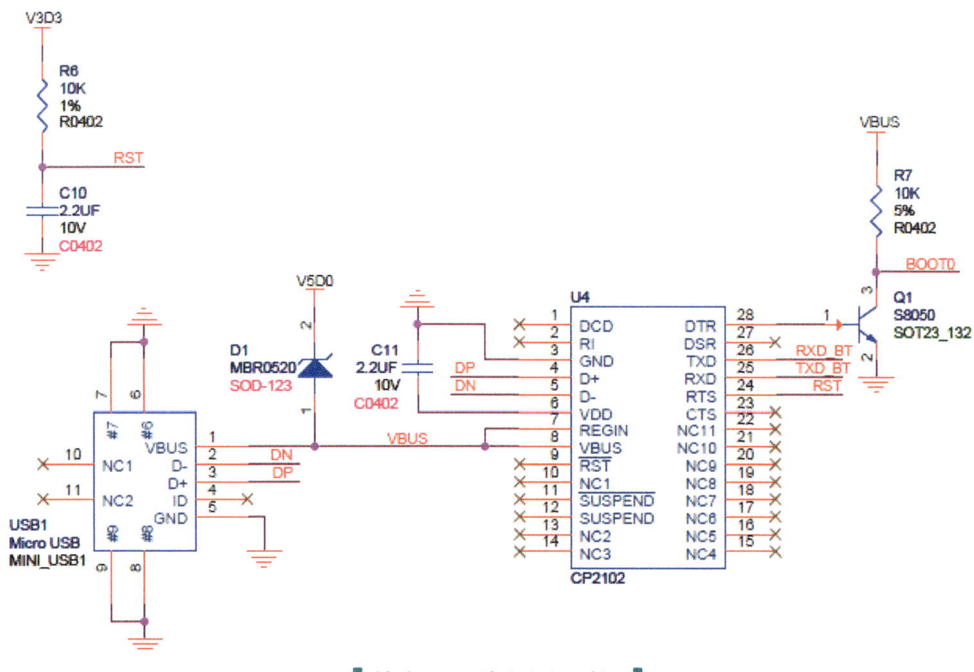

실제 USB 인터페이스 회로

4-2-4 SPI 통신을 이용한 블루투스 인터페이스

블루투스 인터페이스는 드론 원격조정기와의 통신을 위해서 사용하는 무선 인터페이스 회로이다. 이 회로는 전용 드론 조종기나 스마트폰 드론 조종 앱과 통신하기 위한 장치이다. 기본 회로 구성은 블록도처럼 매우 간단하다.

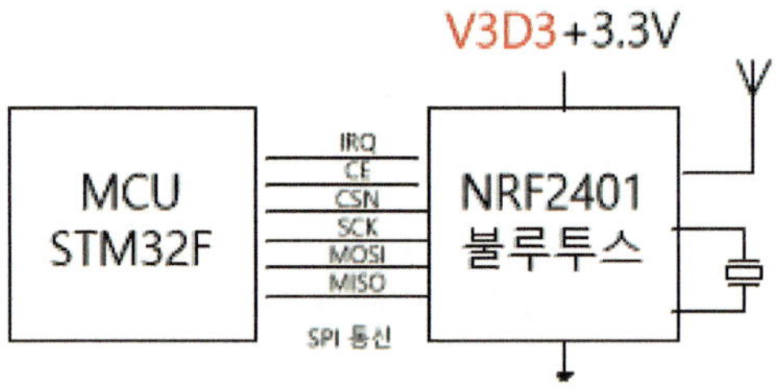

▌블루투스 인터페이스 구성도▐

MCU와 SPI 통신방식으로 연결되고 NRF2401 블루투스 칩은 이 신호를 조종기에 전달하거나 조종기에서 온 신호를 받아 MCU로 전달하는 역할을 한다. SPI 통신은 MCU 제조사나 블루투스 칩 제조사에서 제공하는 라이브러리를 사용해서 프로그램 할 수 있도록 라이브러리 소스가 제공된다. 실제 회로는 조금 더 복잡하다. 무선이다 보니 2.4GHZ 대역의 안테나 회로도 같이 설계해야 하며 일반적인 소형 드론에서는 PCB 패턴 안테나를 사용한다. 좀 더 신호를 멀리 주고받기 위해서는 별도의 고성능 안테나를 연결해야 한다.

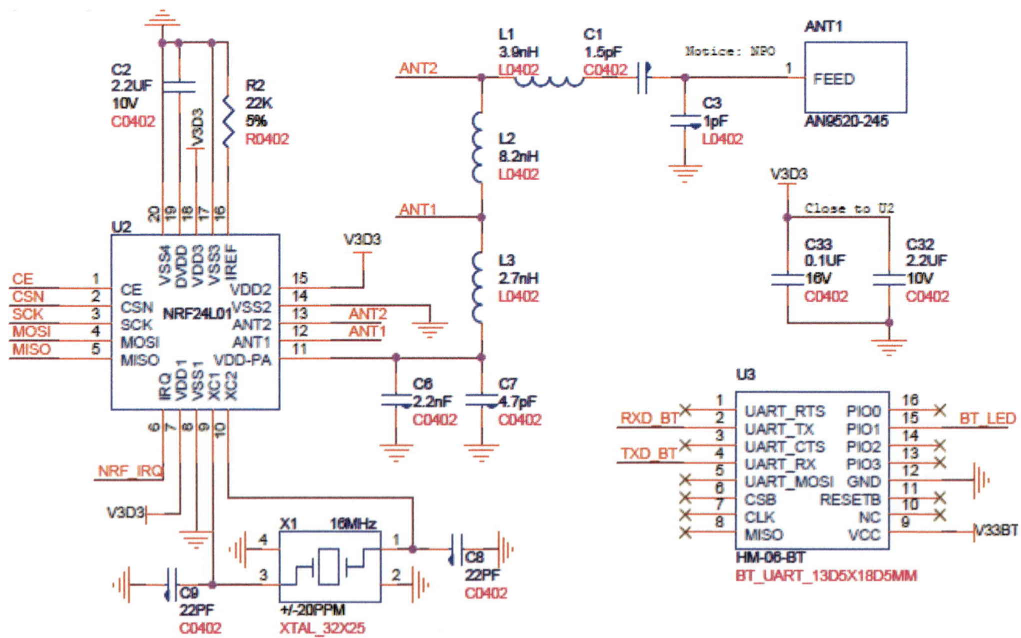

▌실제 블루투스 회로도▐

위의 회로는 실제 블루투스와 MCU 연결 회로를 보여주고 있다.

우측 하단의 U3는 블루투스 UART 인터페이스를 위해 설계된 것이나 여기서는 실제 통신에 사용하지 않고 블루투스 동작 상태를 나타내는 LED 표시에 사용하고 있다.

4-2-5 I²C 통신을 이용한 센서 인터페이스

I²C 통신은 여러 센서들과의 입출력 방식으로 많이 쓰이는 방법이다. 2가닥의 신호 선으로 여러 주변 센서들을 연결할 수 있어 효율적으로 입출력 데이터 포트를 사용할 수 있기 때문에 많이 사용한다. 여기서는 자이로 센서, 지자기 센서, 기압 센서 이렇게 총 3개의 센서들과 연결되어 사용되었다.

1. 6축 자이로/가속도 센서

MPU-6050은 6축(X, Y, Z축 자이로스코프-기울기 + 3축 가속도)을 측정해 주는 센서이다. 여러 곳에 사용이 되지만 요즘은 드론의 자세 제어용으로 많이 사용된다. 통신은 I²C 통신을 지원한다. 그림에서 보는 것처럼 가속도는 X, Y, Z 3축의 방향으로 변하는 속도를 측정하는 것이고, 각 축의 회전하는 화살표 방향은 자이로 센서로 화살표 방향으로 회전할 때 +값을 출력하고 반대 방향일 때는 -값을 출력한다. 세부적인 출력 값에 대한 것은 향후 프로그래밍할 때 자세히 배우게 될 것이므로 여기서는 생략한다. 자이로 센서 3축, 가속도 센서 3축 합해서 6축 자이로/가속도 센서라고 한다. 센서에 관해 더 자세한 내용은 프로그래밍 과정에서 확인하도록 한다.

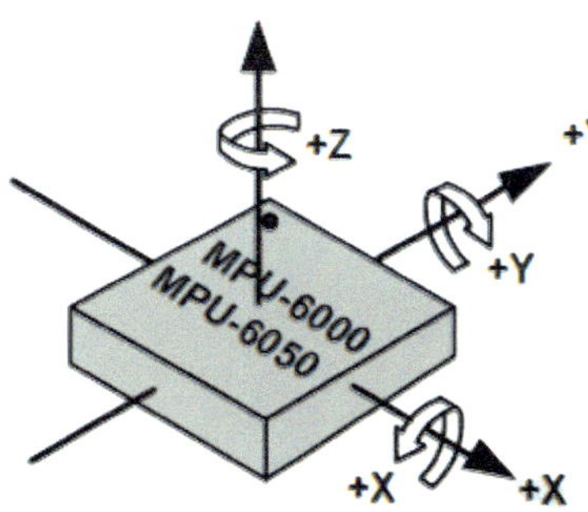

MPU-6050 자이로/가속도 데이터

스마트폰에도 이런 자이로 센서가 들어있어서 폰을 세로로 들거나 가로로 들게 되면 자이로 센서가 그것을 감지해서 화면의 표시 방법을 다르게 한다. 또 게임에도 이용이 되는데 스마트폰으로 레이싱 게임을 할 때 스마트폰을 기울이면 자동차가 커브를 도는 것도 이런 센서를 이용하는 것이다. 가속도는 중력가속도의 변화를 이용하여 측정한다.

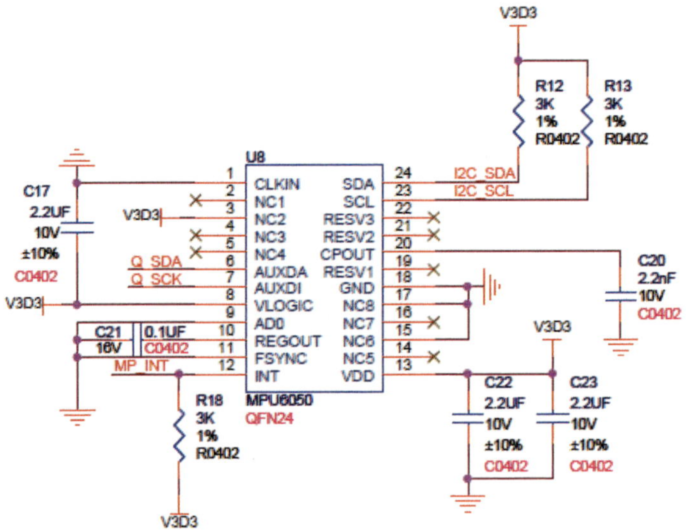

▌실제 자이로 / 가속도 센서 회로도▐

실제 회로는 위의 그림처럼 단순하다. I²C SDA/SCL 신호는 MCU에 연결되고 Q SDA, Q SCK 신호는 외부 I²C 통신용 센서들과 병렬로 연결된다. 따라서 이후에 붙는 지자기 센서나 기압 센서들은 모두 이 선들과 병렬로 접속하면 된다. 이는 MPU6050 칩 내부에서 I²C SDA/SCL 신호를 바이패스 하도록 구성되어 있기 때문에 직접 I²C SDA/SCL 선과 병렬도 구성하지 않고 바이패스 라인으로 구성하는 것이다.

2. 3축 지자기 센서

이 소형 센서는 I²C를 사용하여 통신하고 매우 사용하기 쉽다. 전원 공급전압의 범위는 2.16~3.6V이므로 3.3V 전원을 공급해야 한다. X, Y, Z축 3축에 대한 정보를 읽는 데 사용하며 지구 자기장의 변화량을 검출해 값으로 표시한다.

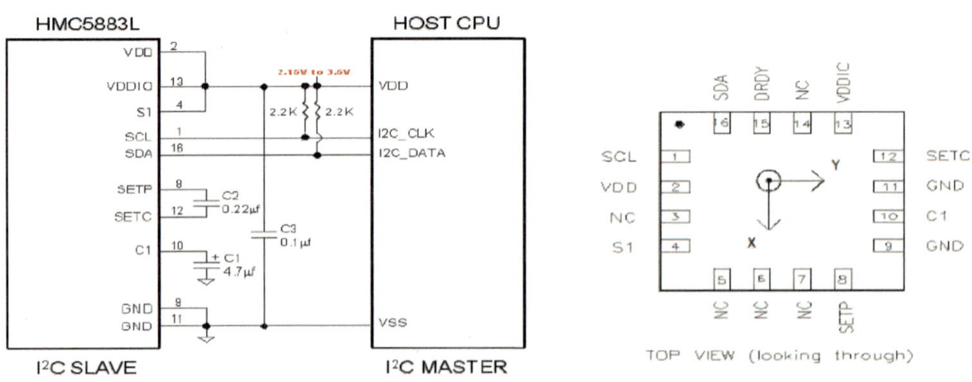

▌지자기 센서 회로 구성도▐

I^2C 통신을 이용해서 MCU와 구성하는 방법은 위의 그림과 같다. 그러나 이 드론 회로에서는 SCL, SDA 선에 이미 자이로 센서에서 풀업 저항(3k)이 연결되어있으므로 아래 실제 회로에서는 Q_SDA/SCK 선만 병렬로 연결하면 된다. HM_INT 신호는 센서가 데이터를 보낼 준비가 되었을 때 Master 쪽에서 데이터를 읽어가도록 하는 인터럽트 신호로 사용할 수 있다. 센서로부터 데이터를 읽는 방법은 나중에 실습하는 과정에서 자세히 설명된다. 실제로 데이터는 우리가 아는 각도로 표현되지 않고 특정한 범위의 값을 주는데, 실제 사용할 경우 이 값을 우리가 필요로 하는 방위각으로 변환해서 사용한다. 또한, 칩에는 위의 그림에서 보는 바와 같이 설계 당시부터 X, Y, Z축이 정해져 있다.

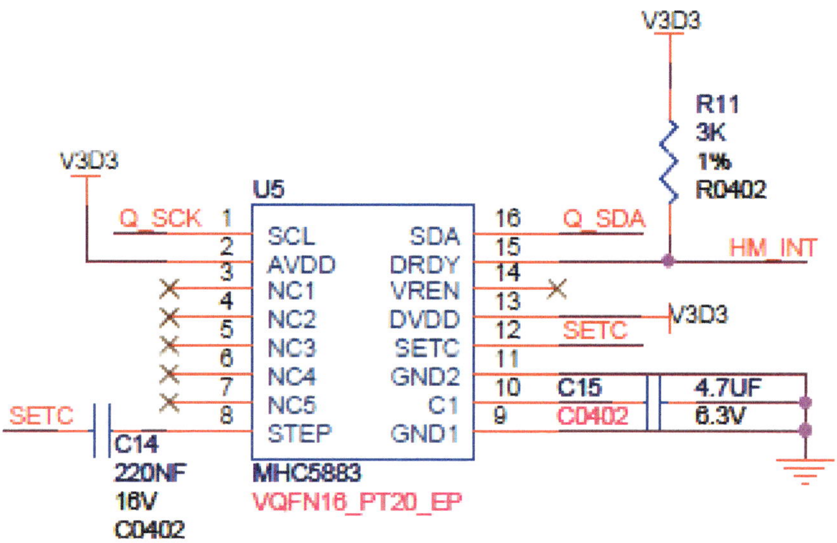

실제 지자기 센서 회로도

3. 기압 센서

기압 센서의 사용 목적은 고도를 측정하기 위함이다. 일반적으로 고도 9000m 상공에서는 약 300hPa의 압력을 받으며 해수면에서는 약 1013[hPa] 이다. 물론 대기의 온도에 영향을 받으므로 기압 센서는 내부에 대기 온도계와 대기 압력 센서가 같이 내장돼 있다. 대기압 측정 센서의 측정값을 24 Bit ADC로 분해하면 약 10㎝ 정도의 고도 오차를 가지는데 실제로는 약간의 오차가 더 있을 수 있다.

여기에 사용한 MS5611 센서는 소형 수정 발진자처럼 생겼는데 캔 모서리에 홀이 두 개 있다. 이는 외부 풍향 영향을 받지 않고 기압을 측정하기 위함이며 실제 크기는 매우 작다. 이 칩은 pin 2번 PS 단자를 High에 놓으면 I^2C 통신을 하고 LOW로 놓으면 SPI 통신을 하도록 설계돼 있어 I^2C나 SPI 인터페이스 모두 가능하다. 아래 회로에서는 pin 2번이 V3D3에 연결되어있으므로

I^2C 통신으로 사용하고 있음을 알 수 있고 Q_SCK/SDA 2개의 선만 지자기 센서의 선과 같이 병렬로 연결하면 된다. 세부적인 온도 및 기압을 우리가 통상 사용하는 값으로 환산하는 방법이나 데이터를 읽는 방법은 이 센서의 Data Sheet에 자세히 나와 있으므로 참고하며 여기서는 다루지 않겠다.

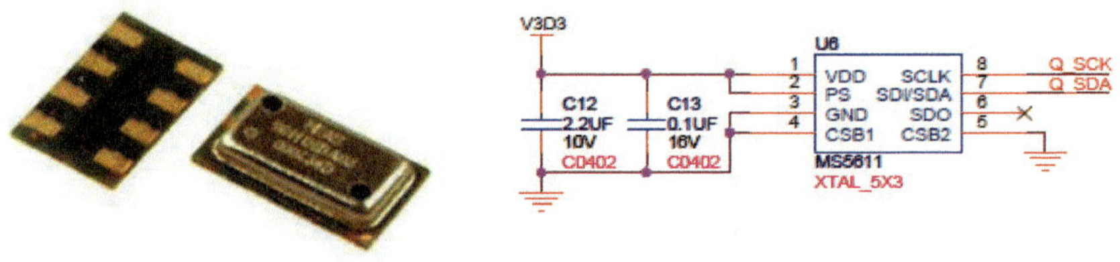

▌실제 기압센서와 회로도▐

4-2-6 PWM 신호를 이용한 모터 구동 인터페이스

드론에서 프로펠러를 회전시켜 양력을 얻으려면 모터가 필요하다. 또한, 모터는 천천히도 돌고 빠르게도 돌 수 있도록 속도 조절이 가능해야 비행할 수 있다. DC 모터는 브러시 유무에 따라 분류하는데 드론에서는 브러시가 없는 BLDC 모터를 많이 사용한다. DC 모터는 브러시가 있든 없든 속도와 역방향 회전이 가능하다. 드론에는 시계방향 회전 모터와 반시계방향 회전 모터가 모두 필요한데, 이러한 모터의 속도 조절은 어떻게 하는지 간단하게 알아보겠다.

모터의 속도제어 방법은 전류를 약하게 하는 방법과 전압을 조절하는 방법이 있다. 전류를 약하게 조절하면 힘이 급격히 약해져서 많이 사용하지 않고 전압을 조절하는 방법을 많이 사용한다. 쉽게 이해하기 위해서 1초 1회전 하는 모터가 있다고 가정할 때 10초마다 1초 동안만 전원을 공급하면 100초 이후에는 모터 회전 총 속도는 10회전 하게 된다. 그런데 5초마다 1초씩 전원을 공급하면 20회전 할 것이며 연속 100초를 공급했다면 100회전 할 것이다. 이러한 방식으로 모터 속도를 제어하는 방식을 펄스 형태로 그려 보면 모터 속도에 따라 전원을 공급하는 다른 펄스폭의 펄스 파형을 그릴 수 있는데 이렇게 펄스폭의 크기가 변환되는 형태를 PWM이라 하고 이러한 방식을 기본 원리로 드론의 모터 속도를 조절하게 된다. 그런데 실제 MCU에서 출력되는 PWM 신호는 매우 미약해서 대전류 모터를 직접 구동하기 어렵다. 그래서 드론에는 이러한 역할을 별도의 부품을 설치하여 모터를 구동하는데 이를 ESC라고 한다. 소형 드론에서는 별도의 MOSFET를 장착하여 Coreless 모터를 구동하기도 한다.

실제 아래 회로를 보면 총 4개의 모터 구동 회로가 있는데 이는 쿼드콥터이므로 4개의 프로펠러를 구동하기 위해서며, 옥토콥터의 경우에는 총 8개의 구동 회로가 필요하게 된다. 모터 구동 소자로는 MOS FET라는 반도체 소자를 주로 사용하는데 구동 신호가 약해도 대전류를 제어할 수 있고 ON 상태 시 드레인-소스 간 저항값이 낮아 대전류를 흘려도 발열이 적은 장점이 있어 많이 사용한다.

PWMA~PWMD 까지 4개의 신호가 SI2302라는 FET의 1번 pin에 연결되어 FET를 PWM 신호에 따라 On/Off 하게 된다. 그러면 Vsys(배터리 +) 〉 J3,5 / M2,4 〉 SI2302 pin 3 〉 pin 2 〉 배터리(-)로 모터를 동작시키게 된다. 자세히 보면 J3, 5와 M2, 4의 커넥터 핀 번호가 서로 다른 것을 볼 수 있는데 이는 같은 사양의 모터를 +, -를 반대로 할 경우, 역방향 회전을 하는데 이 드론에서는 2개가 정방향 회전, 2개는 역방향 회전을 할 수 있도록 배려한 회로임을 알 수 있다.

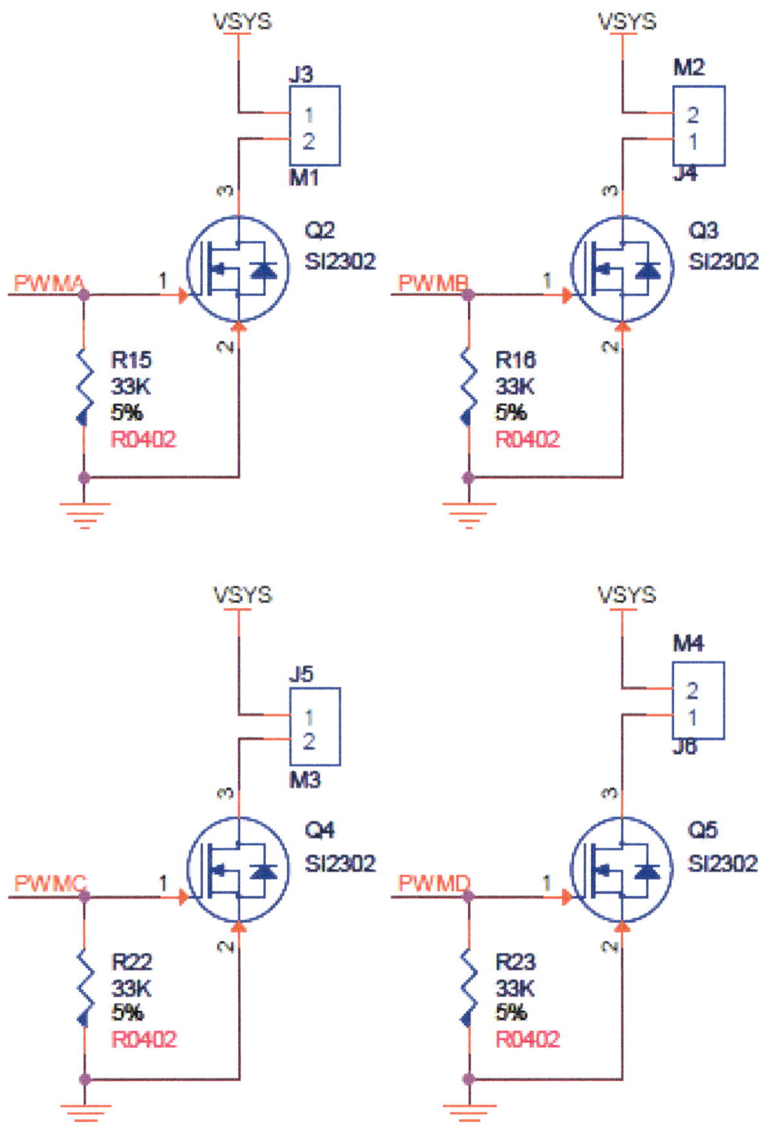

실제 코어리스 모터 구동부 회로도

4-2-7 각종 LED 표시장치

드론의 각 부분 동작 상태를 표시하기 위해 LED로 표시하는데 아래 회로에 보면 PA11, 8, PB1, 3 이렇게 4개의 신호는 MCU에서 디지털 신호로 High를 내보내면 LED가 on이 되게 돼 있다. 각각 모터의 구동 상태를 표시하는데 1개의 모터에 모터 상단, 모터 하단 이렇게 2개의 LED로 표시하도록 회로가 구성돼 있다. 또한, V3D3에서 바로 LED로 접속된 것은 3.3V LDO 회로가 동작하여 MCU 등에 파워가 공급되고 있음을 알려 주기 위한 것이며, BT-LED는 블루투스 동작을 표시하기 위한 LED이고, 나머지 VBUS에서 ~CHG_LED로 연결된 LED는 배터리 충전상태를 알려 주는 LED이다.

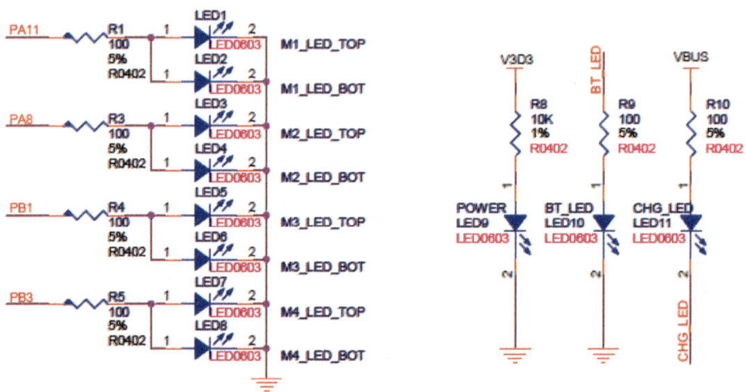

▌실제 LED 표시장치 회로도▐

4-2-8 MCU 회로

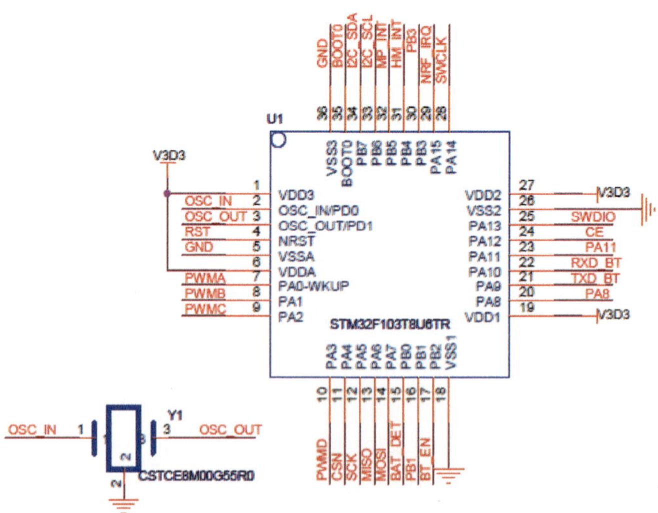

▌실제 MCU 회로도▐

위의 회로는 드론의 각종 신호를 제어하는 MCU이다. 기본 크리스털 발진기와 전원공급 및 기타 주변 장치 연결용 신호들로 구성되어 있으며 이 신호들은 앞에서 학습했던 여러 장치와 연결된다. 사용된 MCU STM32F103 IC는 최대 클럭 72MHz, 96KB SRAM, 128KB 플래시메모리를 지원하는데 비슷한 모델이라도 여러 종류의 MCU가 있다. 자세한 사양은 해당 칩 사의 데이터 시트를 구해 보면 된다.

4-3 LEE DRONE FC

LEE DRONE FC는 교육을 위해서 깨비네에서 개발된 플라이트 컨트롤러(Flight controller: FC)이다. LEE DRONE FC는 기본적으로 드론에 필요한 모든 센서와 MCU가 내장돼 있어 Stand-alone 방식의 동작에 특화돼 있다. 사용자는 스스로 코딩을 해서 펌웨어를 입력할 수 있으며, 그 프로그램에 따라 작동된다. 이러한 기능을 가지는 시스템을 임베디드 시스템이라고 한다. LEE DRONE FC는 두 가지 특징을 가지고 있다. 하나는 기본적으로 동작이 잘 되는 펌웨어를 넣어 초보자들이 쉽게 드론을 세팅, 조종할 수 있는 기능이 있으며, 하나는 직접 FC 프로그래밍을 통해 소스를 구현해(코딩) 드론을 제어하는 것을 할 수 있다. 동작이 잘 되는 소스라는 의미는 오픈 소스를 입력해도 되며, LEE DRONE에서 제공되는 플랫폼을 입력해도 동작이 원활하게 진행된다. 누구나 초보자가 프로그래밍을 직접하고 드론을 제어하는 것은 아니다. 드론은 수많은 시행착오와 노력으로 이뤄진 결정체이다. 항공기와 비행역학, 공기역학, 기구, 복합소재, 전기, 전자, 조종법 등의 많은 요소가 결합된 첨단 시스템이다. LEE DRONE FC는 이런 상황에 맞춰 코딩의 필요성을 재차 인식하게 해줄 것이며, 다양한 분야로 드론플랫폼을 활용할 수 있도록 도와줄 것이다.

4-3-1 LEE DRONE FC 구성도

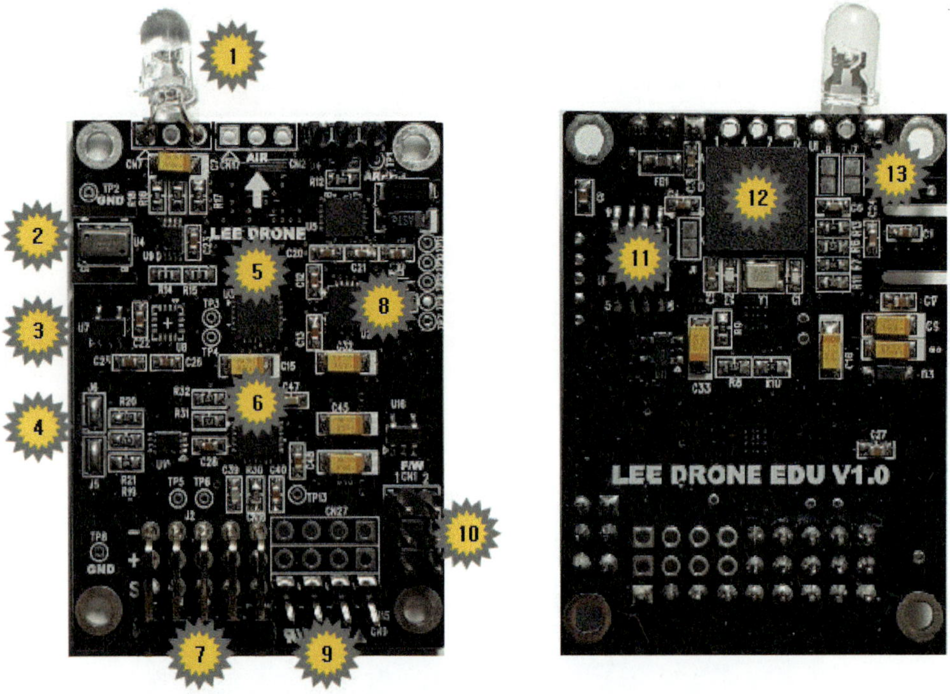

1. LED 표시부 : 드론의 동작이 작동 상태를 표시하는 장치로 불빛으로 상태를 표시

2. 기압 센서 : 드론의 고도를 유지시켜 자세를 잡을 수 있도록 하는 센서로 일반적으로 기압 센서, 압력 센서라고 함

3. 레귤레이터 : 센서의 입력단 전압을 3.3V로 공급하기 위한 부품으로 입력은 5V, 출력은 3V이며, 자이로, 가속도, 기압 센서에 분배하여 공급

4. 모드 설정 : 점퍼로 직접 프로그래밍할 경우와 기본적인 프로그램을 구분하기 위한 점퍼

5,6 자이로 센서 + 가속도 센서 : MEMS 센서로 자이로와 가속도 센서가 내장돼 있는 부품이며, 드론의 자세 결정에 가장 중요한 센서

7. 모터 출력포트 : 드론의 최종 구동장치인 모터(BLDC)를 연결하는 포트

8. 레벨 컨버터 : 센서 전압 3.3V와 MCU 5V 간 전압 레벨을 맞춰주는 부품

9. 시리얼 모니터 포트 : 각종 값(수치)을 확인하기 위한 디버깅 포트

10. 프로그래밍 입력포트 : 자신이 직접 프로그래밍한 소스를 바이너리 파일로 변환 후, FC 보드에 write 하기 위한 포트

11. EEPROM : 경로 비행 및 임무를 수행하기 위한 데이터를 저장하는 메모리

12. Main MCU : 연산 및 자세제어를 위한 모든 동작 명령을 수행하는 핵심 부품(컴퓨터의 CPU에 해당 / MCU → Micro controller unit)

13. 4번과 같은 모드 설정 점퍼

4-3-2 기본 용어 설명

드론에서 많이 사용되는 용어를 정리 및 설명이다.

□ R/C : Radio control(무선 조종 장치의 총칭)

□ PWM : Pulse width modulation(펄스의 폭을 제어하는 방식으로 수신기 각 채널에 수신되는 신호를 의미)

□ PPM : Pulse position modulation(펄스의 위상을 제어하는 방식으로 조종기의 모든 채널 정보를 한 신호에 모두 실어서 보내는 방식 → fc로 입력되는 신호)

□ FC : Flight controller 또는 FCC(Flight control computer), FCU 라고도 함

□ SBUS : Futaba, Frsky에서 사용하는 직렬통신 방식(SBUS는 디지털 방식으로 한 채널에 여러 채널의 데이터 정보를 실어서 보낼 수 있어 편리함)

□ SUM0 : 그라우프너 조종기에서 사용되는 PPM 방식의 명칭(조종기에서 별도의 설정이 필요)

□ DSM : 스펙트럼 수신기(브랜드)에서 사용되는 통신 프로토콜의 명칭

□ SERVO : 서보모터를 포함한 단어로 명령에 따른다. 추종한다는 의미로 PWM 신호를 받아 물리적인 기구(장치)를 구동시키는 모듈을 의미한다.

□ IMU(Inertial measurement unit) : 관성측정 모듈을 의미하며, 가속도와 자이로 센서를 포함하는 방위각(지자기)유닛을 하나로 만든 유닛

□ 바인딩(Binding) : 기체와 수신기 상호 연동을 위해 신호를 매칭시키는 행위

□ 트림(Trim) : 조종기의 신호를 쪼개어서 미세한 값을 변화시키는 기능키를 의미(미세조종의 의미)

□ FPS(Frame per second) : 영상 초당 프레임 수, 비디오 출력방식이 NTSC의 경우 30프레임 저장

□ OSD(On screen display) : 화면상에서 각종 비행데이터를 표시, 출력해 주는 장치

□ ARF(Almost ready to fly) : 약간의 조립으로 비행이 가능한 제품군

□ BNF(Bind and fly) : 바인딩만 하면 바로 날릴 수 있는 제품군

□ RTF(Ready to fly) : 배터리만 연결하면 바로 날릴 수 있는 제품군(대부분 완구류)

□ GNSS(Global navigation satelite system) : 글로나스 인공위성을 이용한 항법 시스템

□ Gain : 각 장치의 힘의 세기를 숫자로 표기한 용어

□ PID : 비례, 미분, 적분을 공식화한 용어로 기체가 수평 상태에 가깝도록 수학적으로 필터링하는 과정 또는 그 방식을 의미함.

□ 칼만 필터(Kalman filter) : 루돌프 칼만이 개발한 알고리즘으로 미래 예측 알고리즘. 나사(NASA)의 네비게이션 항법 시스템 개발에 사용됨.

□ ADC(Analog to digital converter) : 아날로그 신호를 디지털 신호로 바꿔주는 변환 장치(예 : 가변 저항값을 수치로 해석할 때 사용)

□ GPIO : 프로그래밍 또는 MCU에서 입, 출력을 담당하는 핀 또는 포트를 의미

□ AHRS(Attitude and heading reference system) : 관성측정 모듈(지자기가 포함된)

□ LDO(Low Drop Output Linear Regulator) : 정전압으로 변환해주는 소자(부품)를 의미하며, 주로 소형 전력시스템에 사용됨(예 : 5v를 3.3v로 변환할 경우 사용)

□ 레귤레이터(regulator) : 안정적인 동작을 위한 전원공급장치로 소전력(micro)에 사용되는 모듈을 의미함.

4-3-3 단위표

드론에서 활용할 수 있는 각종 단위에 대한 이해를 돕기 위한 표이다. 전자 부품의 용량, 반도체 메모리의 용량 등을 이해하는데 도움이 된다.

10^n	접두어	기호	배수	십진수
10^{24}	요타 (yotta)	Y	자	1 000 000 000 000 000 000 000 000
10^{21}	제타 (zetta)	Z	십해	1 000 000 000 000 000 000 000
10^{18}	엑사 (exa)	E	백경	1 000 000 000 000 000 000
10^{15}	페타 (peta)	P	천조	1 000 000 000 000 000
10^{12}	테라 (tera)	T	조	1 000 000 000 000
10^{9}	기가 (giga)	G	십억	1 000 000 000
10^{6}	메가 (mega)	M	백만	1 000 000
10^{3}	킬로 (kilo)	k	천	1 000
10^{2}	헥토 (hecto)	h	백	100
10^{1}	데카 (deca)	da	십	10
10^{0}			일	1
10^{-1}	데시 (deci)	d	십분의 일	0.1
10^{-2}	센티 (centi)	c	백분의 일	0.01
10^{-3}	밀리 (milli)	m	천분의 일	0.001
10^{-6}	**마이크로** (micro)	μ	백만분의 일	0.000 001
10^{-9}	나노 (nano)	n	십억분의 일	0.000 000 001
10^{-12}	피코 (pico)	p	일조분의 일	0.000 000 000 001
10^{-15}	펨토 (femto)	f	천조분의 일	0.000 000 000 000 001
10^{-18}	아토 (atto)	a	백경분의 일	0.000 000 000 000 000 001
10^{-21}	젭토 (zepto)	z	십해분의 일	0.000 000 000 000 000 000 001
10^{-24}	욕토 (yocto)	y	일자분의 일	0.000 000 000 000 000 000 000 001

일의 자리와 승수 자리 중, 1, 2승, -1, -2승을 제외하고 알아두면 좋다. 가정의 데스크탑 컴퓨터의 하드의 경우 이미 테라(Tera)를 넘어선 상황이다.

Chapter 02

조립 및 GCS 세팅

본 장에서는 드론을 조립하고 설정 프로그램으로
필요한 세팅을 할 수 있도록 설명하기로 한다.
모든 드론은 초기 설정이 필요하다. 물론, RTF(Ready to fly) 같은 제품은
제품을 구매해서 바로 날릴 수 있는 특징이 있다.
히지만 지신이 원하는 형태의 드론을 만들고 싶을 때
별도의 프로그램으로 설정이 필요하다.
이러한 다양한 툴(tool)을 GCS(Ground control system)이라고 부르기도 한다.
물론 GCS라는 툴 자체가 설정만 하는 것은 아니며 지상관제 업무로
드론이 비행하는 동안의 명령(command)이라든가, 임무(mission)등을 지시하거나, 각종
성보(드론의 상태정보 및 관련 센서값들)를 지상관제 센터에서 관리, 감독하도록
도움을 주는 경우가 많다.
예를 들어, 쿼드형 (날개가 4개인 드론 형태)드론을 제작할 경우,
기체에 맞는 펌웨어를 넣어야 하며, 설정이 필요하다.
하지만 이런 설정이 드론 제조사마다 모두 다르기 때문에
하나의 목표를 정해서 설정하는 것이 보통이다.
본 장에서는 3DR Robotics의 Ardupilot을 기준으로 설정하는 방법을 소개한다.
APM 이라는 FC를 선정한 이유는 오픈 소스(open source)계열이기 때문이며,
향후 자신이 modify를 통해 알맞은 형태의 드론으로
프로그램의 변형이 가능하기 때문이다.
본 장에서는 FC(Flight controller)라는 관성항법장치 유닛을 건드려 보고,
설정하는 것을 배워보기로 한다.
본 장에서 설명하지 않은 세부적인 내용은
자신이 스스로 알아내고 검색하여 좀 더 학습하도록 한다.

1

전체 준비물 구성

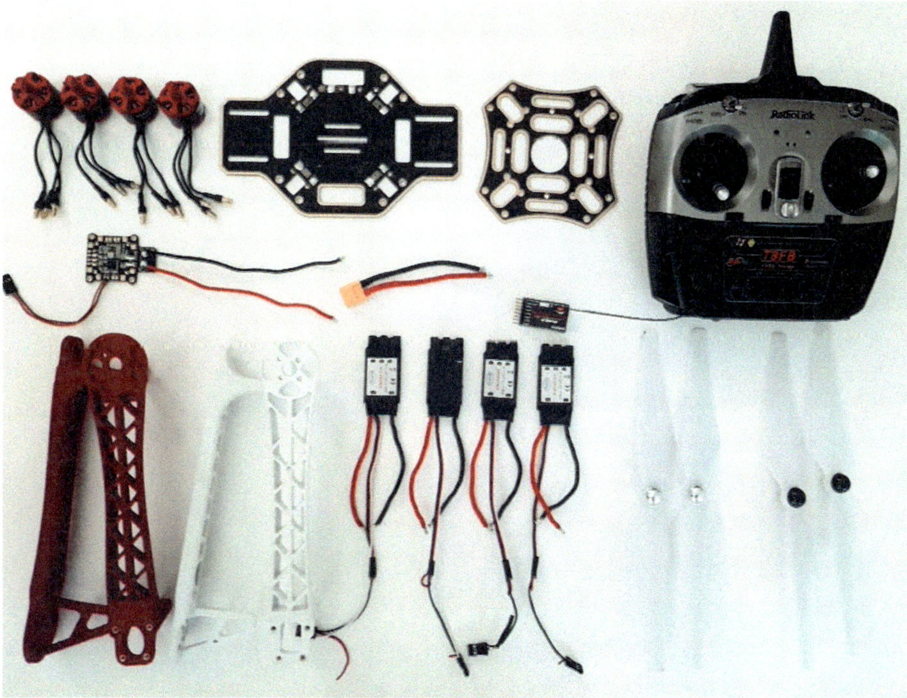

전체 부품 사진

F450 기본 키트에 포함된 부품들이며, 그 밖의 부품들은 BEC, FC, 송수신기가 준비되어야 한다. 송수신기의 경우 PPM이 지원되는 방식이 필요하며, FUTABA의 경우, SBUS를 지원하는 송수신기일 때, 별도의 SBUS TO PPM 컨버터 모듈이 필요하다. 위의 사진 상의 조종기는 가격이 저렴한 T8FB(Radiolink) 제품을 사용했다.

F450의 의미는 F : 프레임, 450(모터 Shaft to shaft) 축간거리를 의미한다.

드론의 크기 및 규격은 정해진 것이 없으며 사용자가 마음껏 늘리거나 줄이면 된다.

1-1 송신기 및 수신기

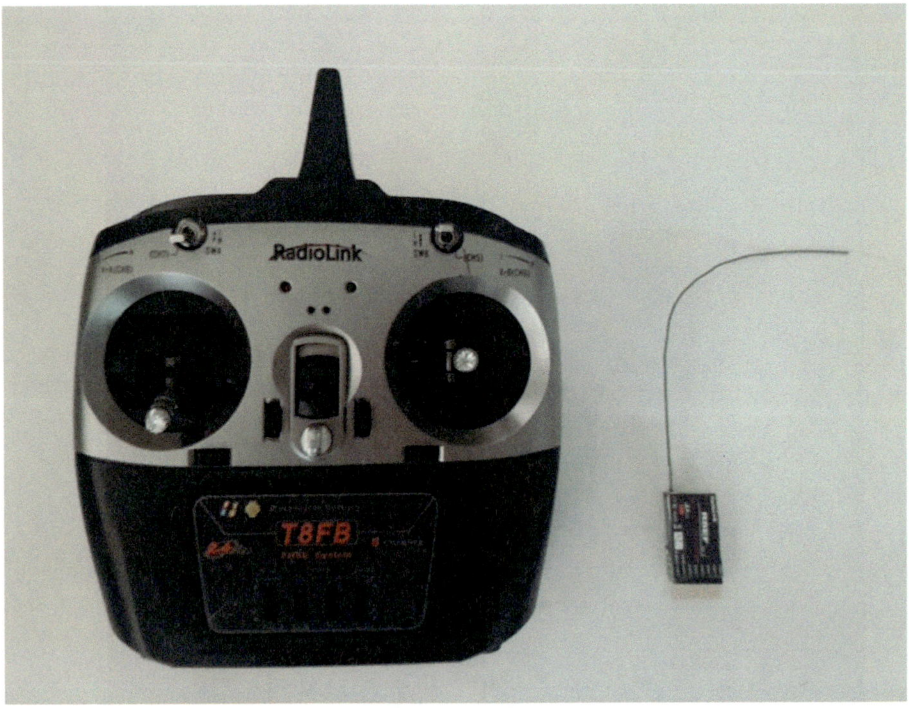

송, 수신기

송, 수신기의 역할 : 드론은 기본적으로 유선 형태(선이 연결된 상태)로 조종이 가능하지만 무선(R/F, R/C)방식으로 조종하기 위해 송, 수신기를 사용한다. 조종기(TX)는 사용자가 명령하는 드론의 방향(조종 스틱을 움직이는 값)과 기능(여러 가지 기능 : 고도를 유지시키기, GPS 기능 활성화, 자동비행 등등)을 수행하기 위한 스위치 값을 무선으로 전송하면 수신기(RX)는 그 데이터를 받아서 처리하게 된다.

- 조종기 : Transmitter
- 수신기 : Receiver
- PPM : Pulse Position Modulation
- R/C : Radio control

1-2 변속기(ESC)

▌변속기 : 날개가 4개인 Quadcopter의 경우 4개가 필요▐

변속기의 역할 : 변속기는 모터의 속도를 가변시켜 주는 역할을 한다. 즉, 사용자가 조작한 조종기의 스틱(드론의 방향을 변경할 때 스틱을 움직여야 함)값과 드론에 내장된 각종 센서(자이로, 가속도, 고도, 지자기 센서 등등)정보를 퓨전 시켜 신호를 전송하게 되며, 그 신호는 PWM 방식의 신호로 변속기로 전달된다. PWM 방식의 신호를 받은 변속기는 FET라는 전자 소자를 통해 모터의 회전수(RPM)를 변환시키는 역할을 한다.

- PWM : Pulse Width Modulation
- ESC : Electric Speed Controller

1-3 고정용 스크류(볼트)

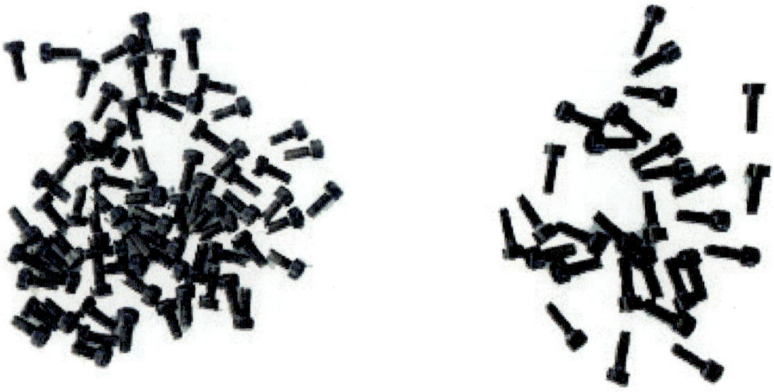

고정용 스크류

프레임과 모터를 고정하는 데 필요한 부품이며, 크기별로 고정되는 위치가 다르므로 주의해야 한다.

- 나사규격 : 나사(Meter)에서 첫 글자를 따서 'M'이라고 표현. inch와 구분하기 위함.

1-4 베이스 플레이트(상, 하)

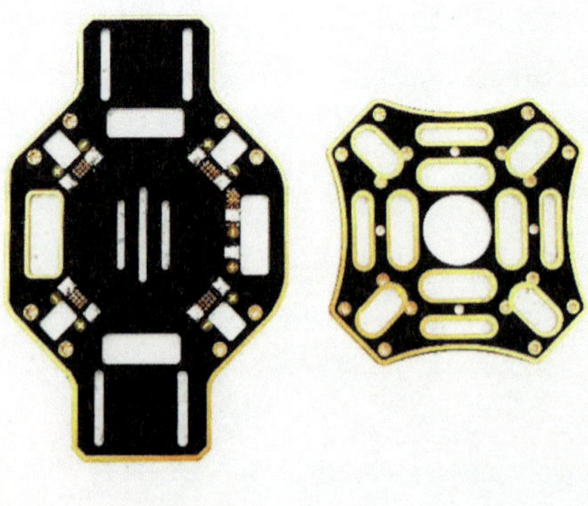

베이스 플레이트

베이스 플레이트(Base plate)는 모터가 장착되는 암(arm)과 연결이 되고 각종 기자재가 장착되는 판을 의미한다. 크기가 큰 하판이 아래쪽에 위치해야 하고 위쪽은 정사각형 상판이 위치해야 한다. 이 두 플레이트(상판, 하판) 사이에 암(arm)이 연결된다.

1-5 범용 BEC 모듈

▌범용 BEC 모듈▐

BEC 모듈은 배터리로부터 공급되는 전압(예를 들어, 3셀이라면 12[V])을 FC에 필요한 5V로 전압을 낮춰주는 역할을 하는 장치이다. 센서의 레퍼런스 전압을 위해서 BEC에서 레귤레이션 된 전압이 되도록 5[V]에 가까운 모듈을 사용하는 것이 좋다.

- BEC : Battery Eliminator Circuit
- BEC의 선택 : BEC의 입력 허용전압을 확인해야 한다.

ex) 6 × 3.7 = 22.2 or 6 × 4.2 = 25.2[v]이므로 입력전압 25[v] 이상의 BEC를 선택하고 출력은 5[V]에 근접한 제품을 선택하면 된다.

1-6 LEE DRONE FC

LEE DRONE FC

LEE DRONE FC는 두 가지 기능을 지원한다. APM과 마찬가지로 미션플래너를 사용할 수 있는 기본 펌웨어를 넣을 수 있으며, 본인 스스로 코딩을 입력해 드론을 제어할 수 있다.

- FC : Flight controller
- 미션 플래너 : Mission planner(GCS 시스템)

1-7 브러시리스 모터(BLDC)

BLDC모터 : 날개가 4개인 Quadcopter 의 경우 4개가 필요

BLDC 모터는 브러시가 없는 모터라는 의미로 브러시에 의한 손실이 적어 반영구적으로 사용할 수 있는 모터이다. 모터의 세 가지 선은 모두 위상을 제어하기 위한 선으로 모터 내부에 전자기력을 이용해 모터를 회전시켜주는 역할을 한다. 모터와 연결되는 ESC(전자 변속기)와 연동이 되어야 하며, PWM 신호가 입력되어야 한다.

- BLDC : Brushless motor

1-8 모터 고정용 암(모터 고정 프레임)

▌모터 고정용 프레임, 암▐

- 모터를 단단히 고정하기 위한 프레임으로 물리적으로 가장 중요한 추력(Thrust) 장치를 고정하는 부분이기 때문에 유격이 없어야 하며, 진동에 민감한 부분이다. 주의해서 고정해야 한다.

- 암(Arm)은 팔을 의미하며 드론의 날개, 즉 팔을 의미함.
- Thrust : 추력의 개념(드론에서 가장 중요한 '힘'을 의미)

2
베이스 플레이트(하판)의 조립

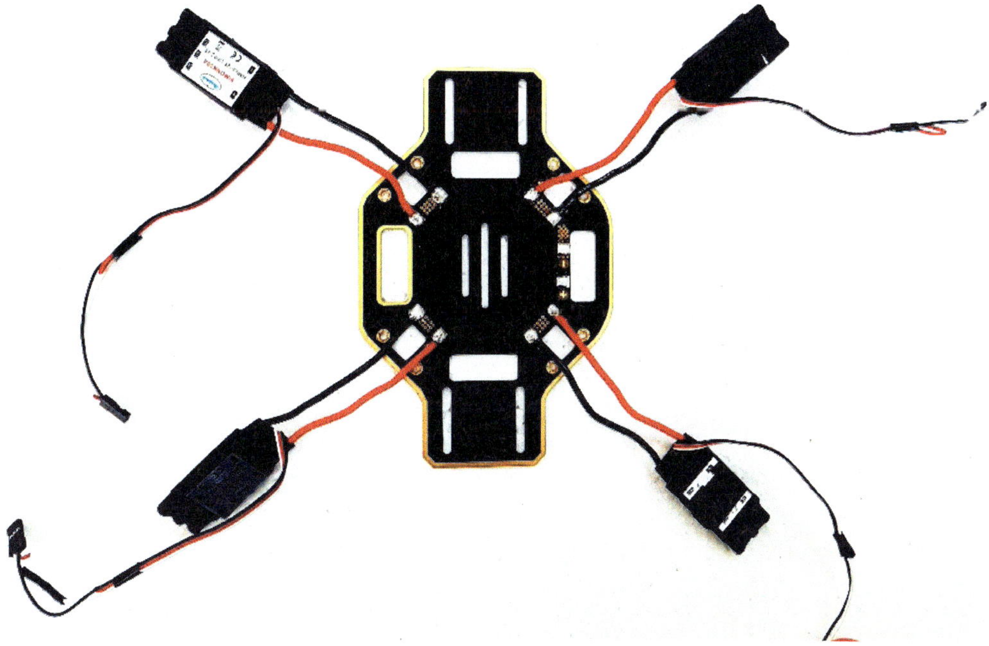

▌모터 고정용 프레임에 변속기(ESC)를 연결한 사진▌

- 하판에 ESC의 전원선(빨강)과 그라운드(검정)를 납땜한다. +, -를 확인하면서 진행해야 한다. +(플러스)는 빨강, -(마이너스)는 검정이다.
- 각 연결선의 길이는 조립하는 과정에서 너무 짧거나 길지 않도록 주의한다.

2-1 BEC 모듈과 전원선의 연결

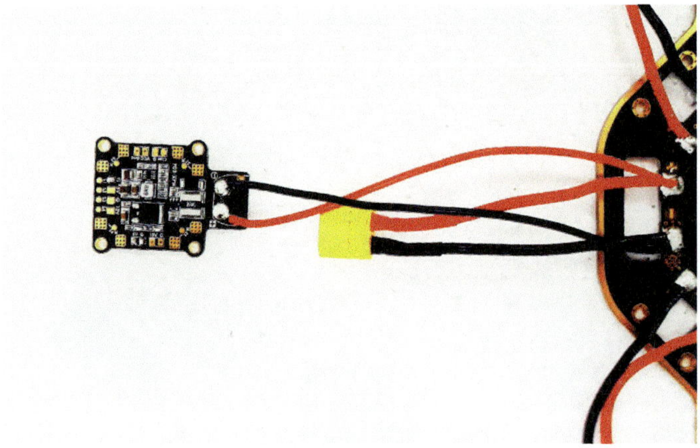

BEC 모듈을 전원 단자에 연결한 사진

배터리 연결선 및 BEC를 하판의 전원 공급선에 연결한다.

BEC의 배터리 연결과 5V 연결 단자 사진

5V가 출력되는 단자에 FC에 전원공급을 위해 5V 와 GND를 납땜한다. FC에 5V 이상 공급될 경우 FC 보드가 소손될 수 있으므로 반드시 절연하거나 수축 튜브를 사용해서 케이싱 하는 것이 좋다. 하판 플레이트 뒷면에 납땜이 너무 과하게 흘러나오지 않게 주의한다.

※ 수축 튜브 : 연의 고무 재질로 열을 가하면 쪼그라드는 특성이 있어 절연용으로 사용함.

2-2 베이스 하판과 암(모터 고정용 프레임)의 연결

▌프레임 색상에 따라 전방을 구분한다▐

모터 고정용 암(4개/ 2개는 흰색, 2개는 빨간색)의 경우 드론의 전진 방향을 고려하여 장착해야 한다. 특히, 드론을 바라보는 후면 쪽의 프레임 암의 색상을 보며 조종자는 후면임을 인지하게 되므로, 눈에 띄기 좋은 빨간색을 후면에 배치하는 것도 좋은 대안이다. 물론 흰색 암을 후면에 배치해도 된다.

2-3 모터와 프로펠러의 임시 조립

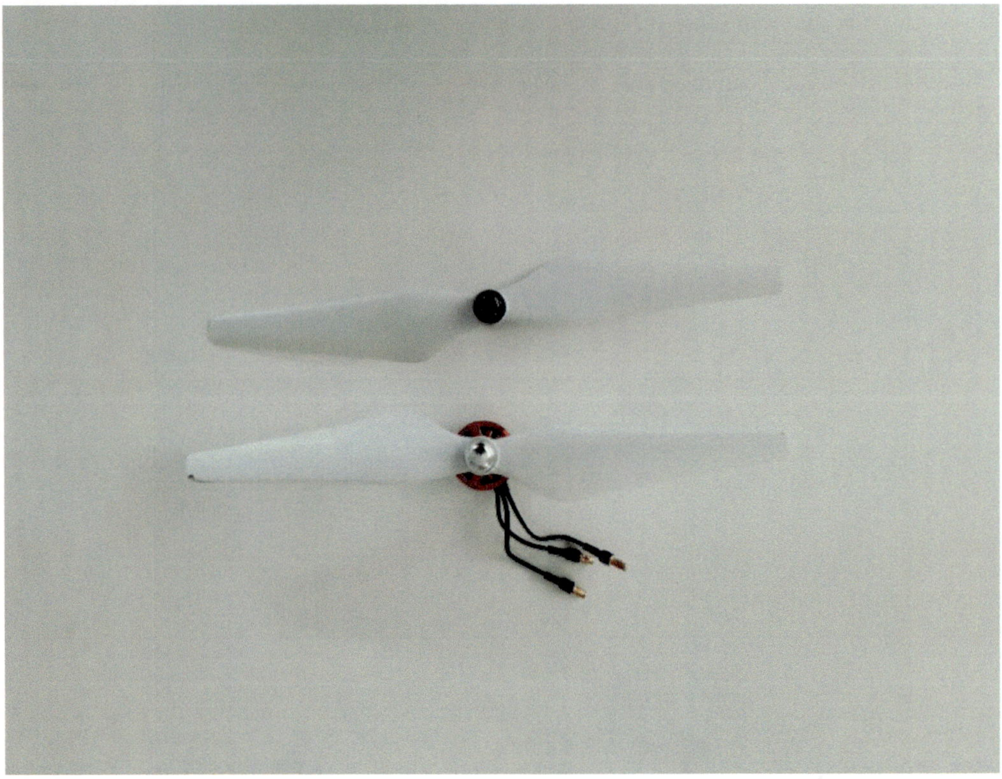

▌모터와 프로펠러를 임시로 연결한 사진▌

모터를 조립하기 전에 연결해 봄으로써 회전 방향을 알아야 한다. 위 사진을 보면 프로펠러가 시계방향 회전이므로, 프롭과 연결된 모터는 CCW 모터임을 알 수 있다. 아래 사진을 참조하면 CCW 모터는 10시 방향과 4시 방향에 조립해야 한다.

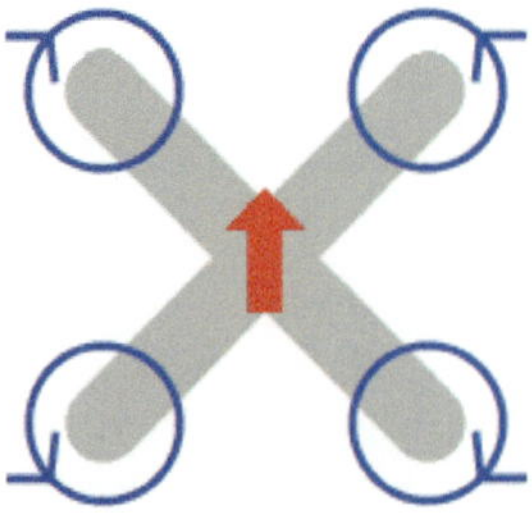

▌모터 회전 방향▌

모터를 조립할 경우, 위의 그림처럼 모터의 회전 방향에 유의해야 한다. 모터의 회전 방향이 중요한 이유는 드론의 반 토크(회전축에 반발하는 힘)를 줄이기 위해서이며, 만약 모터의 회전 방향이 달라지면 드론이 제대로 날 수 없는 것은 물론이며, 드론이 회전축을 기준으로 '빙글빙글' 회전하게 된다. 모든 드론이 위의 그림처럼 구성된 것은 아니며, 제조사마다 프로그래머의 생각에 따라 충분히 달라질 수 있다.

2-4 모터와 모터 고정용 암(arm)의 조립

모터 고정용 프레임에 변속기(ESC)를 연결한 사진

모터를 조립할 때에는 볼트를 대각선 순서대로 조여서 유격을 최대한 줄인다. 유격이 많으면 모터에서의 진동으로 인해 센서값에 영향을 주기 때문이다. 첫 번째 나사를 느슨하게 조인 뒤 대각선 나사를 조이고, 다시 첫 번째 나사를 완전히 조여 준다. 남은 2개의 나사도 이런 형식으로 같은 조건의 힘으로 조여 줘야 한다.

또한, 풀림방지 너트를 사용하거나 풀림방지 고착액을 이용해서 나사의 풀림을 방지해야 한다.

- 모터와 기본 부품들이 조립된 상태의 사진이며, 하판의 모든 장치가 연결된 상태이다.

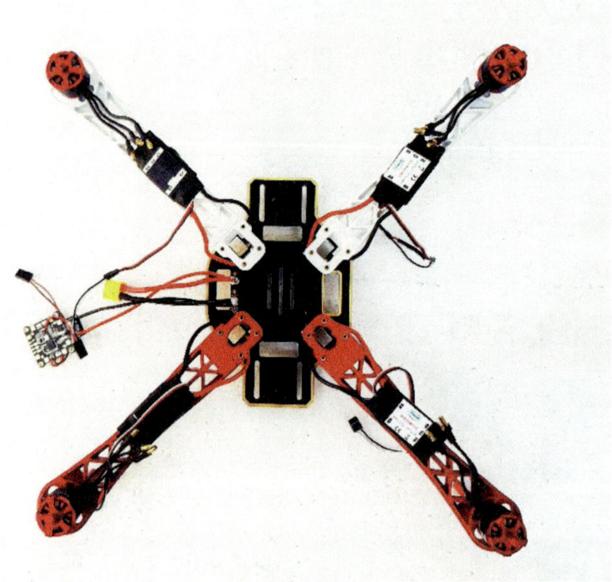

모터까지 조립한 사진

2-5 모터와 전자 변속기(ESC)의 연결

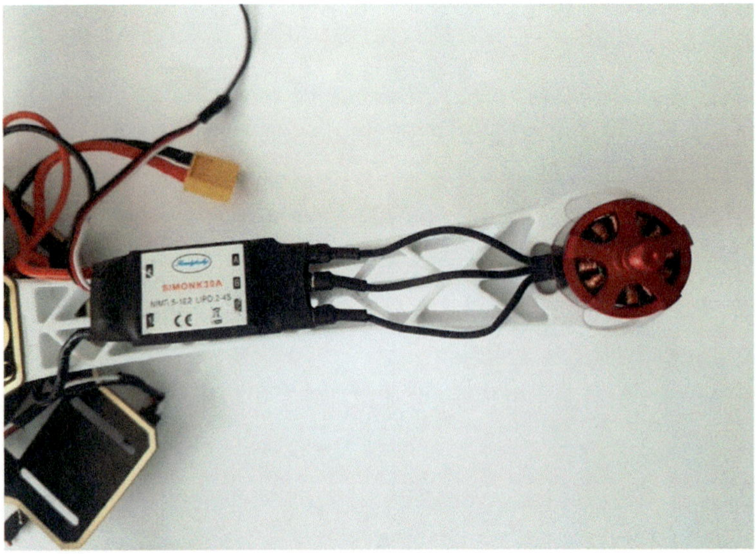

모터와 변속기를 연결한 사진

이후, 모터의 신호선 3개를 ESC에 연결한다. 이 모터는 BLDC 아웃러너 모터이며, 아래와 같은 방식으로 회전한다. 신호선이 3개인 것은 코일마다 전류의 세기를 다르게 하여 전극을 계속 바꿈으로써 영구자석이 붙어 있는 외부 캡을 자력으로 밀고 당기고 하며 회전시키는 것이다. ESC에서 A, B, C는 코일에 들어갈 신호 순서라고 볼 수 있는데 3개 중 2개를 서로 바꿔 연결하면 모터의 회전 방향은 반대가 된다.

아웃러너 모터는 외부의 모터의 캡이 통째로 돌아가는 것을 의미한다. 인러너 모터는 그와 반대로 캡이 회전하지 않고 모터 샤프트 축 자체가 회전하는 모터를 말한다.

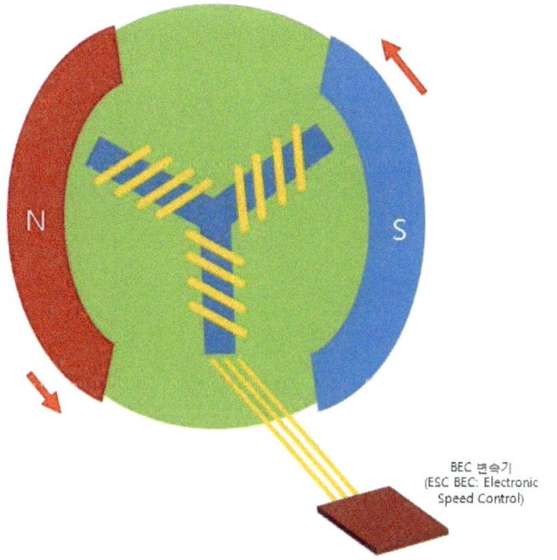

BLDC out runner motor

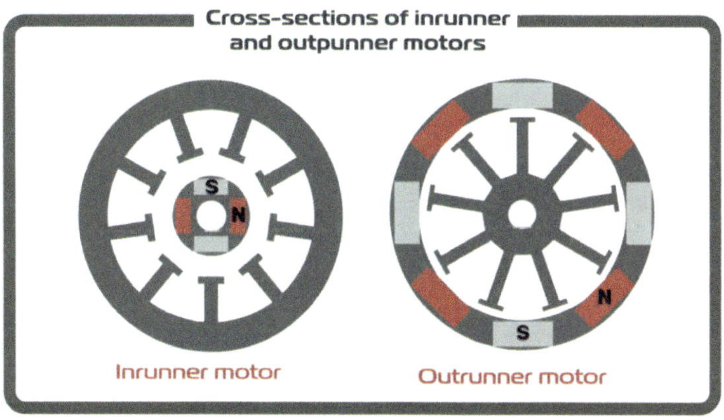

In runner VS Out runner

2-6 모터와 전자 변속기(ESC)의 연결

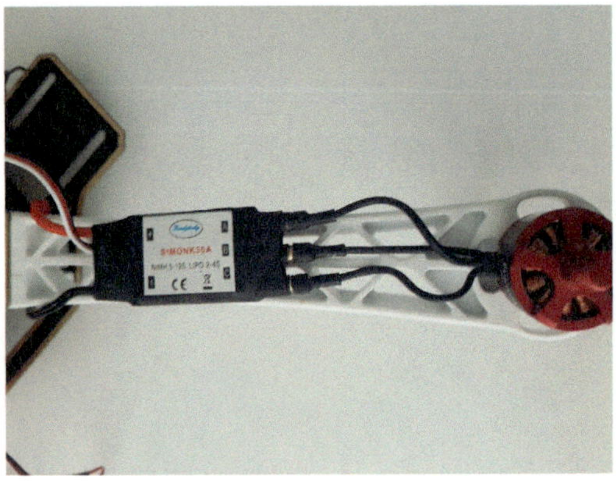

▌반시계방향 회전을 위해 A, B를 교차시킨 모습▐

실제 모터의 회전 방향은 ESC 캘리브레이션을 통해 확인하면 된다.

모터 회전 방향은 모터 세 선을 서로 다른 방향으로 연결하면 된다. 보통 가운데 선을 남겨두고, 외곽의 두 선을 크로스 형태로 교차시켜 연결하는 것이 정석이다.

BEC에서 연결된 5V 및 GND 를 FC에 연결한다. 잘못 연결할 경우를 대비해 GND 핀을 5V 핀을 기준으로 좌, 우로 배치했다.

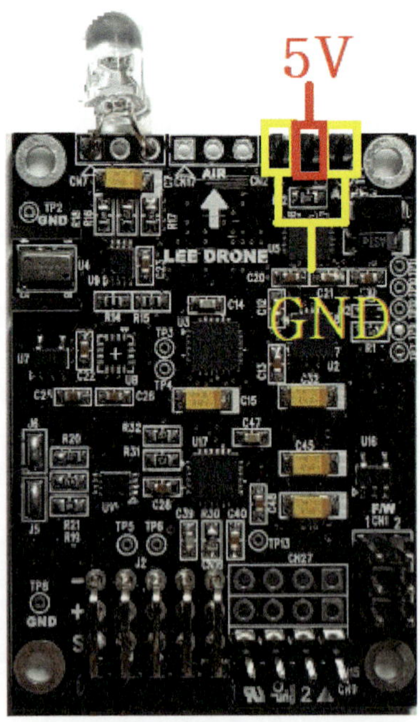

▌FC의 전원 공급 단자▐

만약, 사용자가 5V의 극성을 잘못 연결해도 다이오드가 장착돼 부품이 손상되는 것을 막아줄 수 있다. 일종의 퓨즈 역할이다.

2-7 전자 변속기(ESC)의 캘리브레이션

(※ 주의 : 모터에 프로펠러를 장착시키면 위험하다. ESC 캘리브레이션 및 모터 테스트 시 항상 프로펠러를 제거해야 한다.)

수신기의 CH3에 변속기 신호선을 연결한 사진

ESC의 신호선(흰색, 검정)을 수신기 Throttle 채널에 연결한다. 일반적인 수신기는 3번(CH)이 스로틀 채널이지만, 1번이 스로틀인 경우도 있으므로 조종기 제조사마다 확인해야 한다.

- **ESC 캘리브레이션**

ESC 캘리브레이션을 하지 않은 4개의 모터의 Throttle 범위가 미세하게 달라 호버링이 힘들 수 있다. 이는 ESC Throttle 범위와 라디오 송신기의 범위가 다르기 때문이다. ESC 캘리브레이션은 이러한 범위 오차를 맞춰주는 것을 말한다.

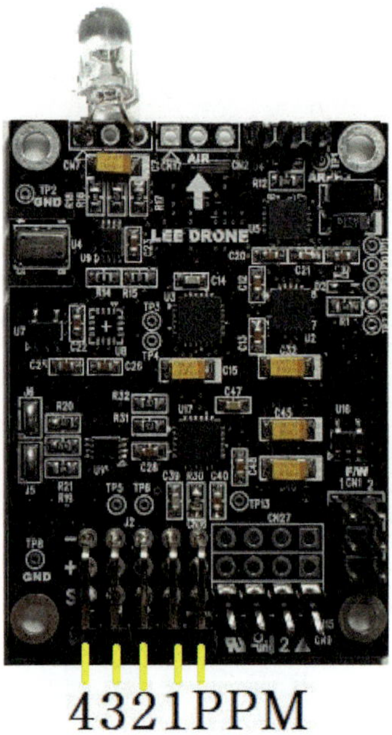

▌모터 연결될 신호선 핀네임 사진▌

수신기의 PPM 신호선을 FC의 5번 단자에 연결한다. 이 연결은 FC에서 전원을 수신기로 공급하기 위해서이다.

▌수신기에 전원 5V를 연결한 사진▌

PPM 채널에 +선과 -선을 연결한다. 모드 2의 경우로 설명한다. 모드 2의 의미는 스로틀 레버가 왼쪽에 있는 조종 방식을 뜻한다.

▌조종기의 스로틀 레버를 최대로 올린 사진▌모드 2의 경우임

이후 조종기를 켜고 스로틀을 최대로 올린다. 그 후, 드론에 배터리를 연결하여 작동시킨다. 그 후, 스로틀을 전부 내리면, 모터에서 비프음 2번이 울린다. 이것으로 최대, 최소 범위 설정은 완료되었다. 다시 스로틀을 모터가 돌 정도만 살짝 올려 모터 회전 방향을 확인하면 된다. 만약, 회전 방향이 반대되면 변속기와 모터의 신호선을 앞서 설명한 방법으로 반대로(크로스) 연결하면 된다. 이 방법을 따라 남은 ESC 3개 모두 캘리브레이션을 수행한다.

2-8 상판 프레임 고정

▌프로임에 상판 플레이트를 조립한 사진▌

프레임 상판을 조립한다. 나사는 항상 대각선 방향으로 조여 준다.

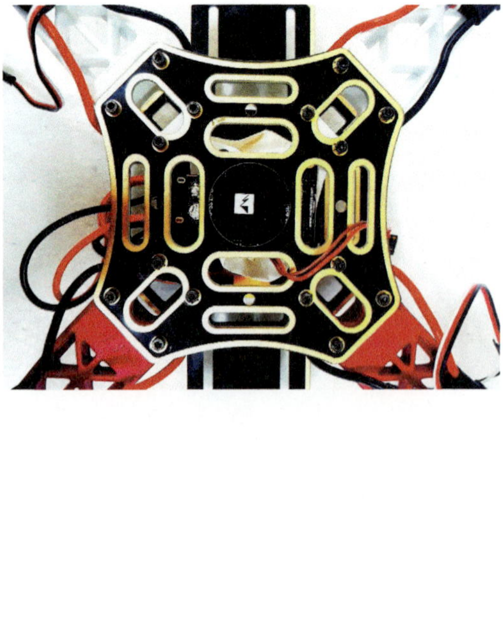

FC를 화살표 방향에 유의하여 상판에 올려놓은 사진

그 후, BEC와 FC를 장착한다. FC의 방향은 FC 보드의 화살표를 중심으로 전방 방향에 유의하며 장착해야만 한다. FC에 방향이 존재하는 이유는 드론을 조종하기 위해서는 앞, 뒤, 좌, 우가 구분되어야 하며, 내부에 장착된 센서들도 X-axis, Y-axis가 이미 정해져 있기 때문이다.

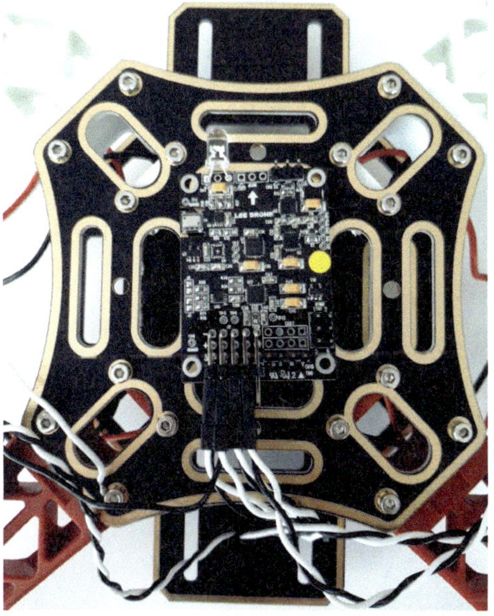

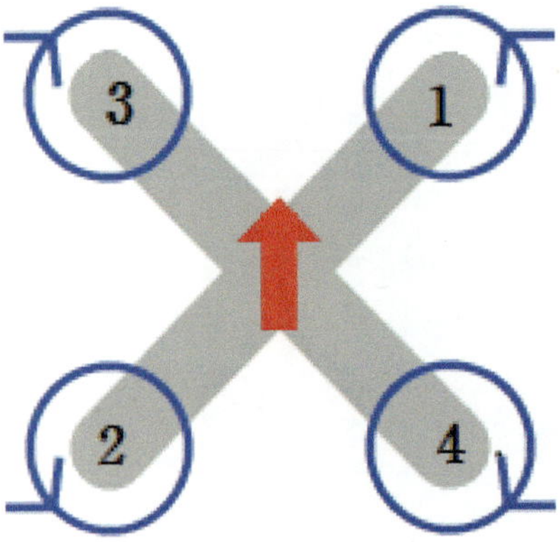

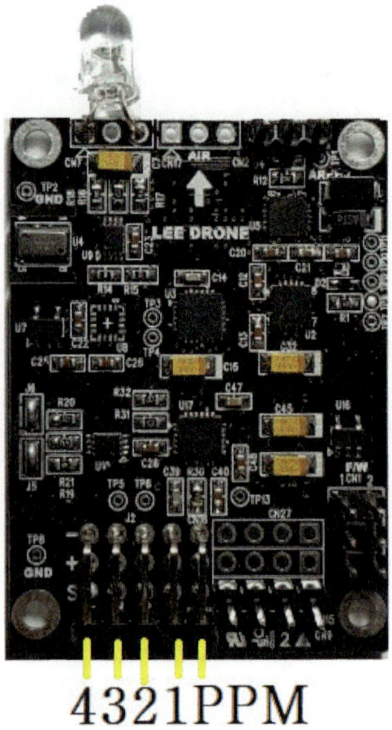

위 사진과 같은 형식으로 번호에 맞게 ESC 신호선을 FC에 연결해준다.

※ GPS 기능을 사용하기 위해서는 GPS 모듈을 UART(통신 단자)에 연결해야만 GPS 기능을 활성화할 수 있다.

3

LEE DRONE FC의 간단 설명

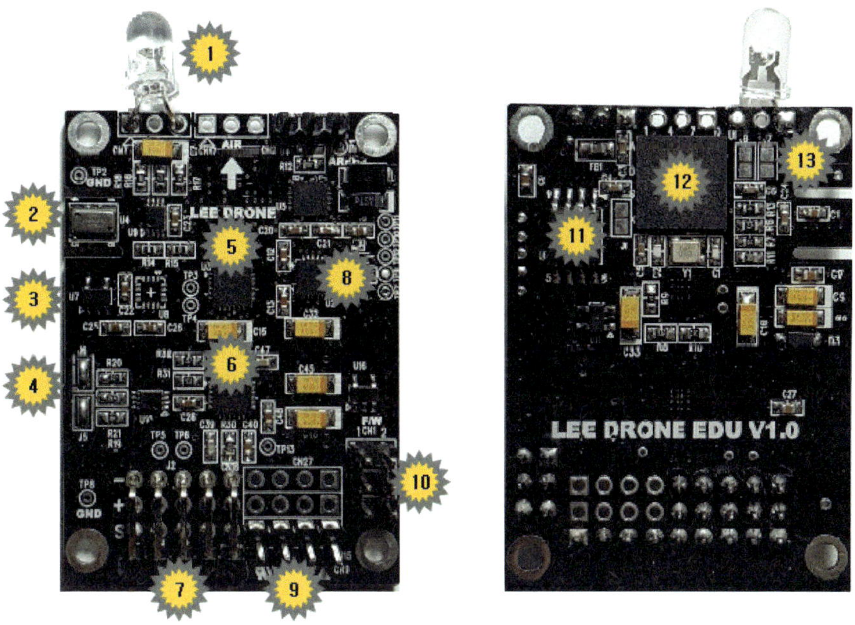

1. LED 표시부 : 드론의 동작이 작동 상태를 표시하는 장치로 불빛으로 상태를 표시

2. 기압 센서 : 드론의 고도를 유지 시켜 자세를 잡을 수 있도록 하는 센서로 일반적으로 기압 센서, 압력 센서라고 함

3. 레귤레이터 : 센서의 입력단 전압을 3.3V로 공급하기 위한 부품으로 입력은 5V, 출력은 3V이며, 자이로, 가속도, 기압 센서에 분배하여 공급

4. 모드 설정 : 점퍼로 직접 프로그래밍할 경우와 기본적인 프로그램을 구분하기 위한 점퍼

5.6 자이로 센서 + 가속도 센서 : MEMS 센서로 자이로와 가속도 센서가 내장된 부품이며, 드론의 자세 결정에 가장 중요한 센서

7. 모터 출력포트 : 드론의 최종 구동장치인 모터(BLDC)를 연결하는 포트

8. 레벨 컨버터 : 센서 전압 3.3V와 MCU 5V 간 전압 레벨을 맞춰주는 부품

9. 시리얼 모니터 포트 : 각종 값(수치)을 확인하기 위한 디버깅 포트

10. 프로그래밍 입력포트 : 자신이 직접 프로그래밍한 소스를 바이너리 파일로 변환 후, FC 보드에 write하기 위한 포트

11. EEPROM : 경로 비행 및 미션을 수행하기 위한 데이터를 저장하는 메모리

12. Main MCU : 연산 및 자세제어를 위한 모든 동작 명령을 수행하는 핵심 부품
(컴퓨터의 CPU에 해당 / MCU → Micro controller unit)

13. 4번과 같은 모드 설정 점퍼

4

GCS 연동 및 셋업 방법

일반적으로 GCS란 Ground Control System을 지칭한다. 드론을 제어하기 위한 지상관제 시스템이 필요한데, 드론을 원격으로 감시, 모니터 할 수 있는 시스템을 말한다. 또한, 수많은 드론을 감시, 모니터 할 수 있는 시스템이 필요한데, 그 시스템을 UTM(UAS, Traffic Management)라고 한다.

드론에 따라서 GCS도 종류가 여러 가지이지만 그 중 Mission Planner를 중심으로 설명하겠다. 미션 플래너는 많은 개발자가 오랜 시간 업데이트를 통해 꾸준히 버전을 수정하고 디버깅해 오고 있다. http://firmware.ardupilot.org/Tools/MissionPlanner/archive/ 이곳에서 다양한 버전을 찾을 수 있는데, 그 중 MissionPlanner-1.3.25.msi 버전으로 테스트한다.

4-1 셋업 방법

인스톨이 완료되면 프로그램을 실행한다. (바탕화면 단축 아이콘 클릭) 아래와 같이 실행화면이 뜬다.(이때, 버전 확인)

초기 화면이다. 오른쪽 지도 데이터는 아직 활성화되지 않는다. FC를 PC와 연결하면 USB 포트로 활성화된 포트가 생성된다. PORT 확인은 제어판→장치관리자에서 확인할 수 있다.

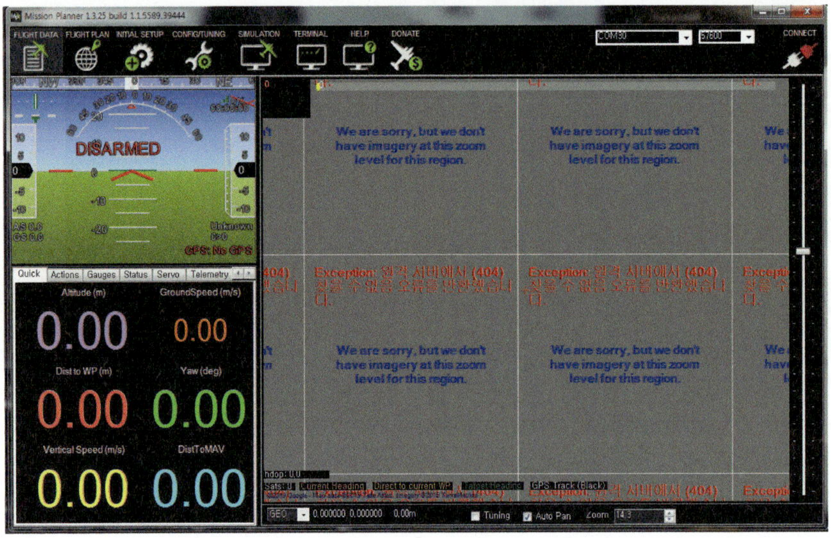

오른쪽 상단의 CONNECT 버튼을 눌러 FC와 연결을 시도한다. 무선 모뎀을 장착하고 연결할 경우는 57600Bps이며, 유선 USB로 연결할 경우는 115200Bps이다.

통신 Baud rate이 맞지 않으면 FC와 컴퓨터는 서로 연동되지 않는다. 통신 속도는 미리 정해진 규칙(소스 코딩)에 의해 결정되므로 연결이 안 될 경우는 통신 속도를 바꿔가면서 재 시도한다.

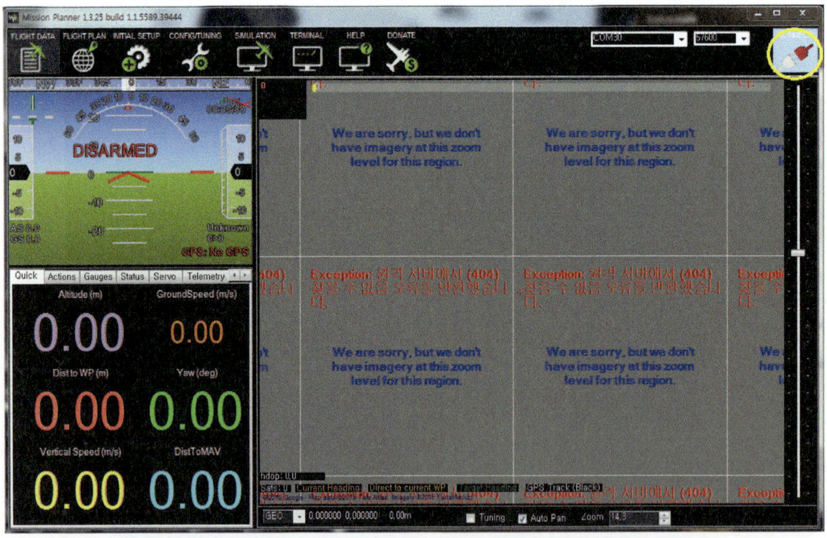

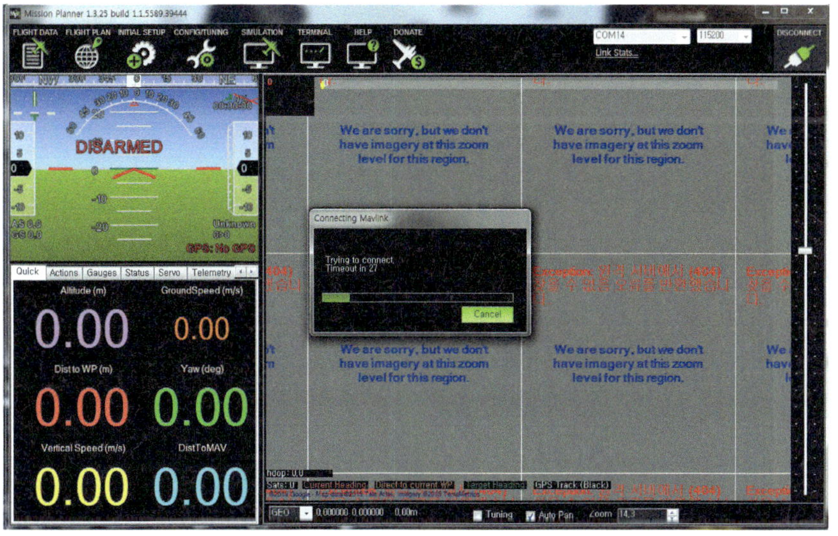

정상적인 연결 상태라면 아래처럼 FC의 패킷 데이터를 주고받는다.

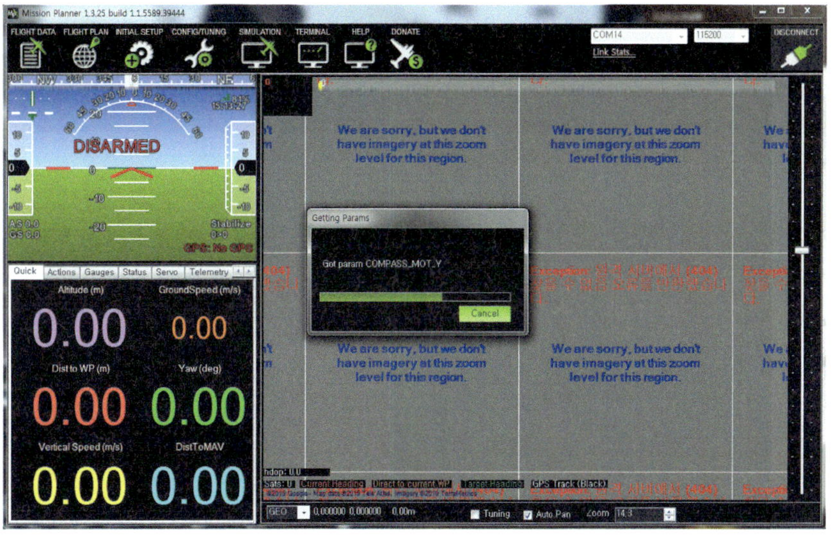

서로 연결이 끝나면 본 시스템을 업그레이드 여부를 물어본다. → NO!

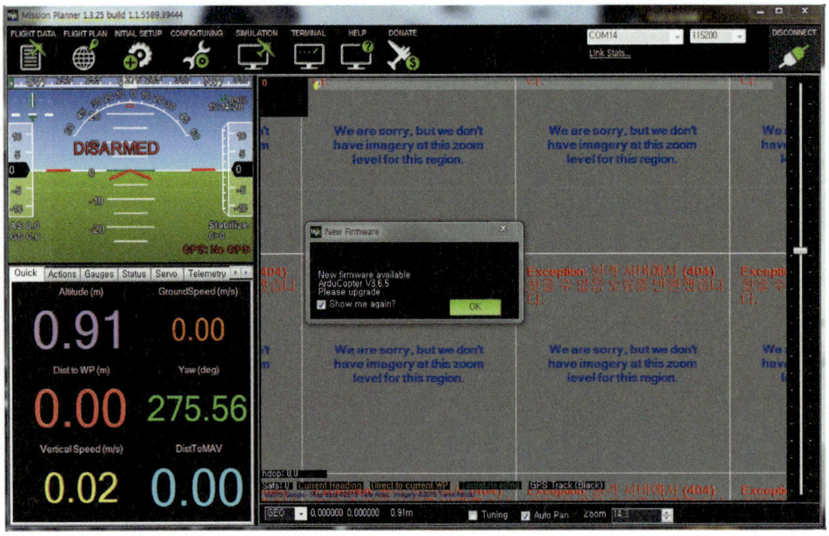

OK를 누르면 안 된다. 새로운 버전으로 업데이트를 시작한다.

■ **간단한 각 부의 소개**

1번 : HUD 화면 → 드론의 자세 정보가 그림으로 출력된다.

2번 : 각종 상태값 → 센서 및 전송된 데이터값을 수치로 표현

3번 : 지도 데이터 → 현재 드론의 위치가 표시되며 자동비행을 위한 미션을 수행할 경우 화면으로 확인할 수 있다.

4번 : 본인 FC 연결 포트 → 초기에 드라이버가 자동으로 설치된다.

5번 : 통신 속도를 의미한다. 유선이면 115200 / 무선은 57600

6번 : 접속 버튼 / 한 번 누를 때마다 상태가 전환된다.

7번 : Mandatory Hardware로 진입 시 메뉴 → 각종 캘리브레이션을 이곳에서 진행한다.

8번 : Config/Tuning 메뉴로 PID 설정을 위한 메뉴이다.

9번 : GPS 상태 표시

10번 : HUD 화면에서 'DISARMED'와 'ARMED'로 표기되면 모터를 ON/OFF 시켜 시동을 거는 표시이다. ('Arming : 아밍' 이란 시동을 거는 것을 말한다)

11번 : 각 센서값을 그래프로 확인할 수 있는 메뉴이다.

4-2 INITIAL SETUP

Mandatory Hardware로 진입하는 메뉴로 각종 캘리브레이션을 수행하는 메뉴이다. 대부분 드론은 사용자가 일정 부분 세팅을 해야 하는 드론이 있지만, 초기에 배터리 연결만으로 비행이 가능한 완구류도 있다. FC는 공장출고 당시 사용자가 입력하는 펌웨어와 파라미터에 따라서 다른 용도의 시스템으로 사용이 가능해진다. 예를 들어, 4개의 날개를 가지는 쿼드콥터를 구현하기 위해서는 쿼드콥터에 맞는 펌웨어를 넣어야 한다. 그리고 그에 따른 파라미터와 초기화 작업들을 함께 진행해야만 임무를 수행할 기본 상태가 된다.

INITIAL SETUP 메뉴로 진입하면 화면처럼 Mandatory Hardware 메뉴로 진입할 수 있다.

4-3 Mandatory Hardware 설정

주 메뉴에서 6개의 하위 메뉴가 보인다. 각 메뉴의 특징을 간단히 설명한다.

Frame Type : 드론의 모양으로 쿼드, 헥사, 옥토 등의 형태

Accel Calibration : 가속도 센서 캘리브레이션

Compass : 외부 컴파스 센서 캘리브레이션

Radio Calibration : 조종기 캘리브레이션

Flight Mode : 기능키로 고도 홀드, GPS 기능 활성화, 자동 이착륙 등등

Fail Safe : 신호가 끊길 경우의 대처 대안(조종 신호 페일 시, 배터리 페일 등의 조건으로 대처할 수 있는 기능)

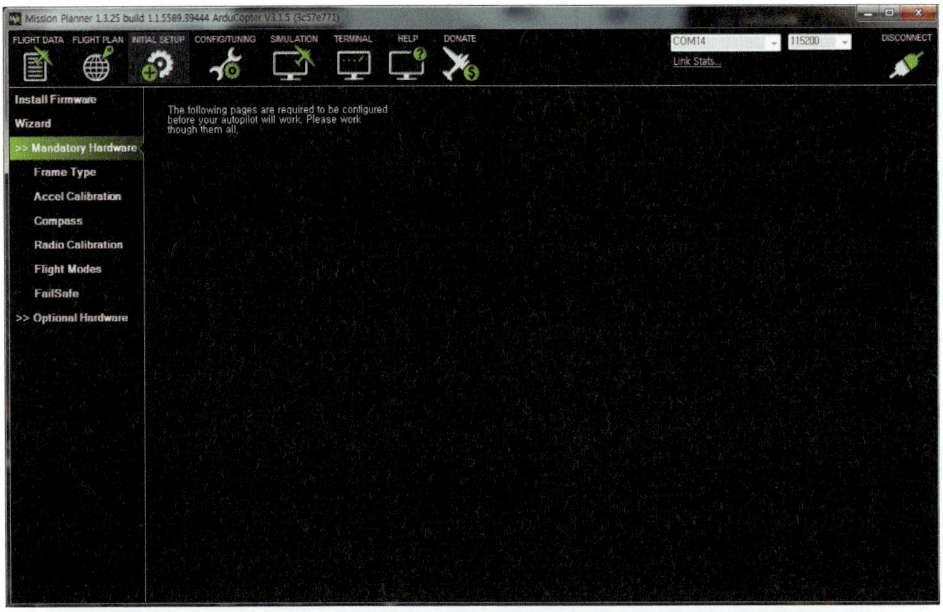

캘리브레이션(Calibration)을 시도하기 위해서 가장 먼저 해야 할 메뉴이다.

4-4 Accel Calibration

우선 가속도 캘리브레이션을 수행한다. 위의 프레임 타입은 이미 펌웨어를 넣을 당시 결정되므로 생략하기로 한다.

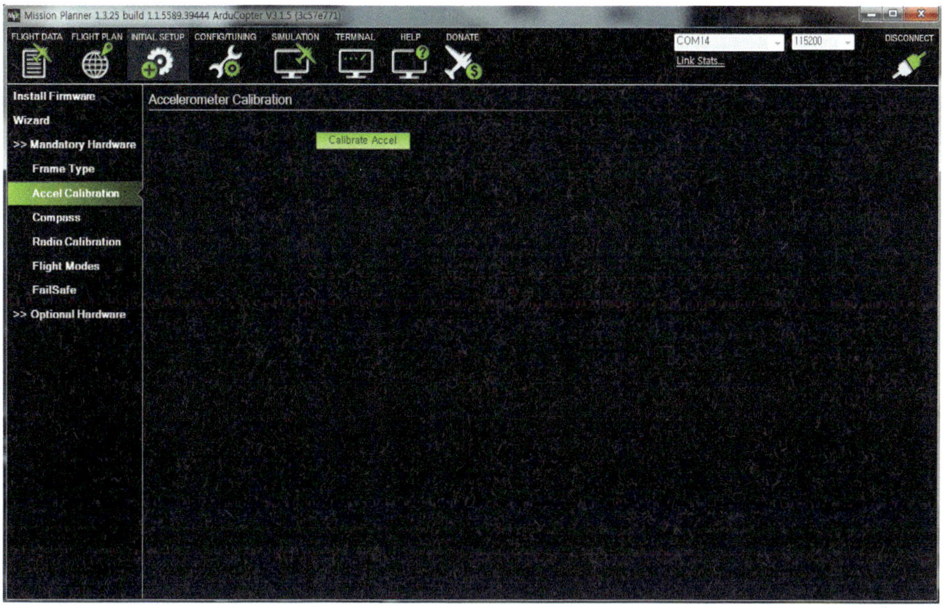

FC를 평평한 곳에 놓고 Calibration Accel 버튼을 누른다. 문구가 화면에 뜨면 문구대로 진행한다.

- LEFT : FC를 화살표 진행 방향 기준으로 왼편으로 세운다.
- RIGHT : 오른편으로 세운다.
- Nose Down : 화살표 앞쪽으로 세운다.
- Nose UP : 화살표 반대로 세운다.
- BACK : FC를 반대로 뒤집어서 놓는다.

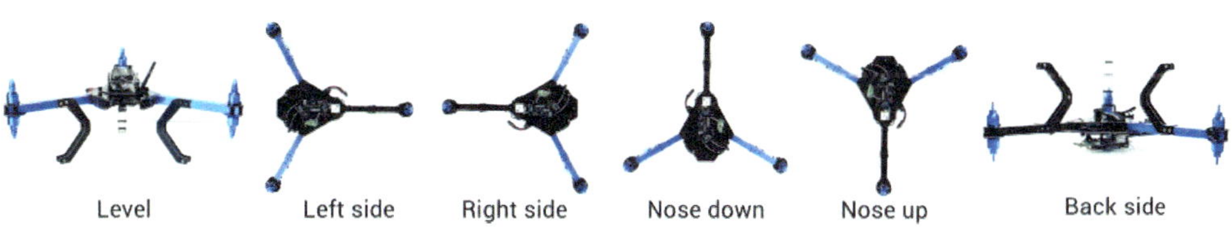

4-5 Compass Calibration

컴파스 캘리브레이션의 목적은 컴파스 센서의 용도대로 드론의 헤딩(Heading) 즉, 나침반 역할이다. 드론은 항상 자신의 방향을 알고 있어야 임무 비행이 가능하다. 예를 들어, '동북쪽 X 경도, X 위도 X의 속도로 몇 km/s로 이동해라!'라는 명령을 보내면 드론은 그 위치와 방위를 실시간 관찰하며 이동할 수 있다. 그만큼 드론의 방위는 대단히 중요하다.

컴파스 센서는 크게 FC 내부에 장착하는 경우, 외부(GPS 모듈)에 장착하는 때도 있지만 대부분 외부(GPS 모듈에 통합된 형태)의 컴파스 모듈을 사용한다. 그 이유는 전원장치가 밀집된 FC 주변에서 전자기장의 문제로 컴파스 센서를 흔들어 기체의 혼선을 유발하기 때문이다.

그림과 같이 외부용 내부용으로 설정한 후, Live Calibration을 실행한다.

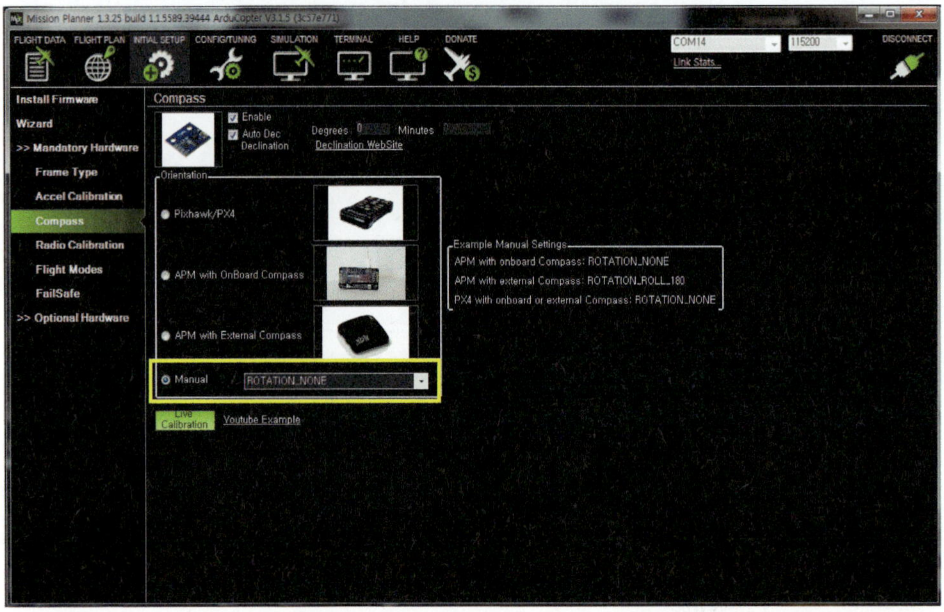

실시간으로 그래프로 보며 컴파스 센서가 내장된 모듈을 전방위로 움직여 자계를 확인한다. 모든 상태가 자동으로 완료되면 PC에서 비프음으로 알려준다. 그때까지 계속 캘리를 해야 하지만, 캘리브레이션을 하고 싶지 않을 경우 Done 버튼을 눌러서 진행을 멈춘다.

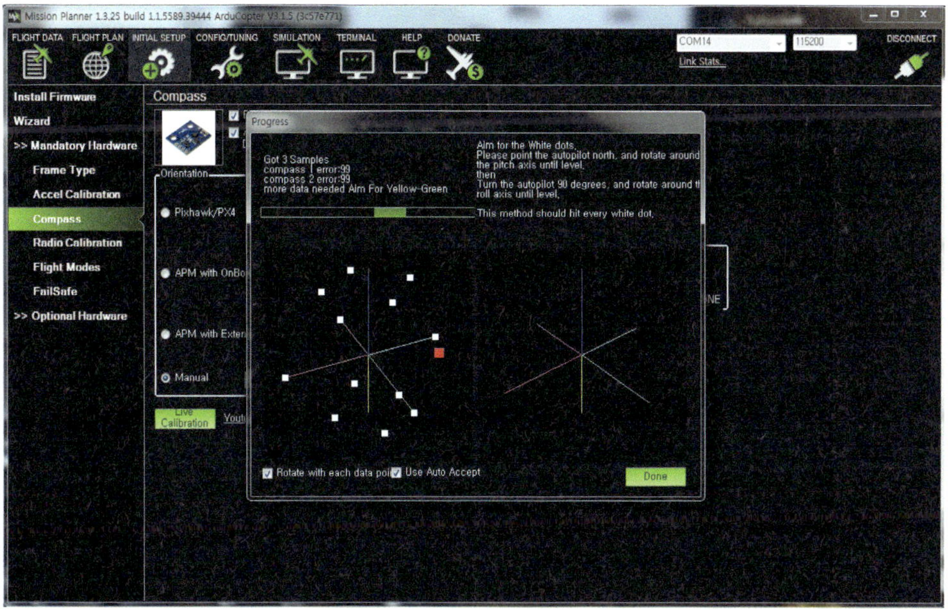
Mission Planner 1.3.25 build 1.1.5589.39444 ArduCopter V3.1.5 (3c57e771)
FLIGHT DATA
FLIGHT PLAN
INITIAL SETUP
CONFIG/TUNING
SIMULATION
TERMINAL
HELP
DONATE
COM14
115200
Link Stats...
DISCONNECT
Install Firmware
Wizard
>> Mandatory Hardware
Frame Type
Accel Calibration
Compass
Radio Calibration
Flight Modes
FailSafe
>> Optional Hardware
Compass
Orientation
Pixhawk/PX4
Manual
Live Calibration
Progress
Got 3 Samples
compass 1 error:99
compass 2 error:99
more data needed Aim For Yellow-Green
Aim for the White dots.
Please point the autopilot north, and rotate around the pitch axis until level,
then
Turn the autopilot 90 degrees, and rotate around the roll axis until level.
This method should hit every white dot.
Rotate with each data poi
Use Auto Accept
Done

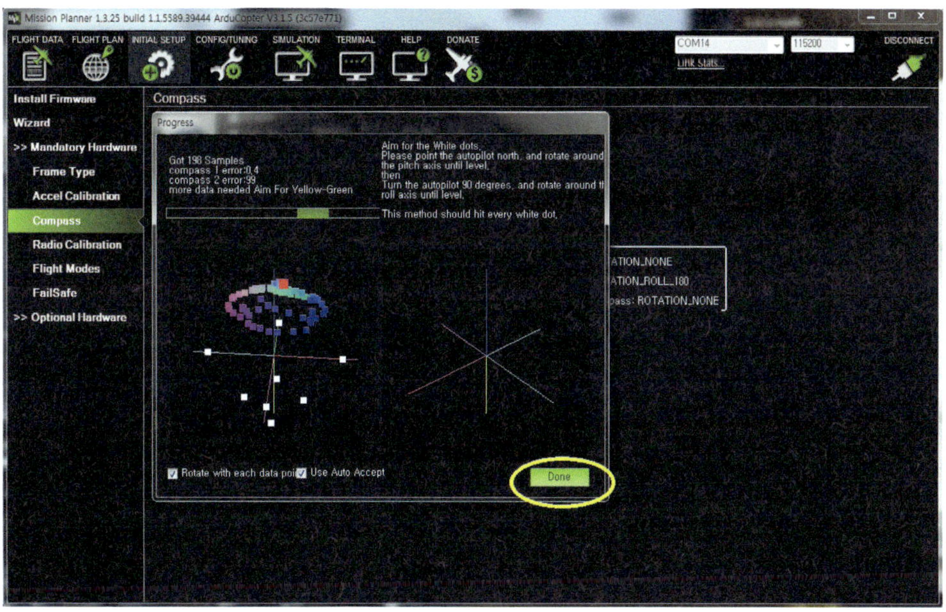
Mission Planner 1.3.25 build 1.1.5589.39444 ArduCopter V3.1.5 (3c57e771)
FLIGHT DATA
FLIGHT PLAN
INITIAL SETUP
CONFIG/TUNING
SIMULATION
TERMINAL
HELP
DONATE
COM14
115200
Link Stats...
DISCONNECT
Install Firmware
Wizard
>> Mandatory Hardware
Frame Type
Accel Calibration
Compass
Radio Calibration
Flight Modes
FailSafe
>> Optional Hardware
Compass
Progress
Got 198 Samples
compass 1 error:0.4
compass 2 error:99
more data needed Aim For Yellow-Green
Aim for the White dots.
Please point the autopilot north, and rotate around the pitch axis until level,
then
Turn the autopilot 90 degrees, and rotate around the roll axis until level.
This method should hit every white dot.
Rotate with each data poi
Use Auto Accept
Done

4-6 Radio Calibration

라디오 캘리브레이션은 드론과 연결되어 드론을 조종할 통신장치를 의미한다. 즉, 조종기와 수신기 신호를 FC에서 최초 인식하도록 하는 방법을 말한다. 이 과정의 의미는 조종기의 스틱(방향 전환 레버)의 최소, 최댓값을 미리 알려주기 위함이고, 이 값들은 실제 드론의 추력과 방향전환이 조종기의 감도와 세기, 시동의 ON/OFF 범위를 설정하는 데 중요한 역할을 한다. 또한, 조종기의 토글스위치로 드론에 특정 명령(Command)을 내리는 임무를 수행한다.

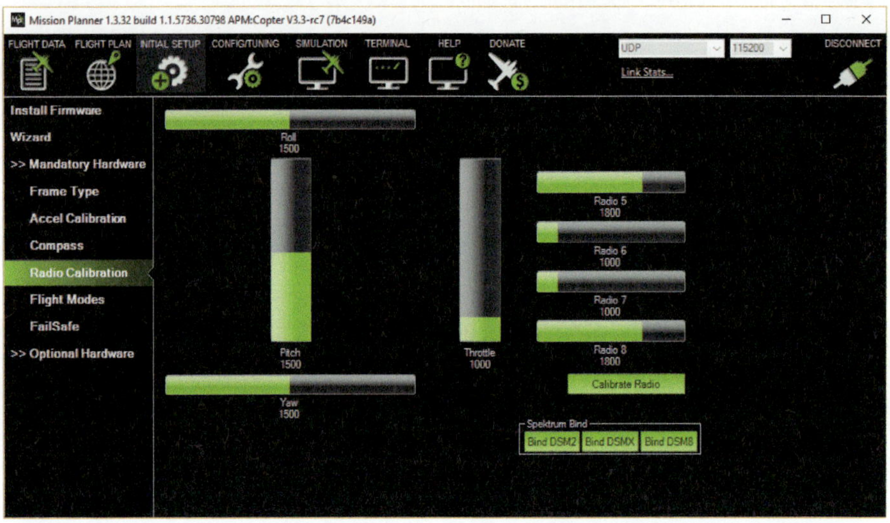

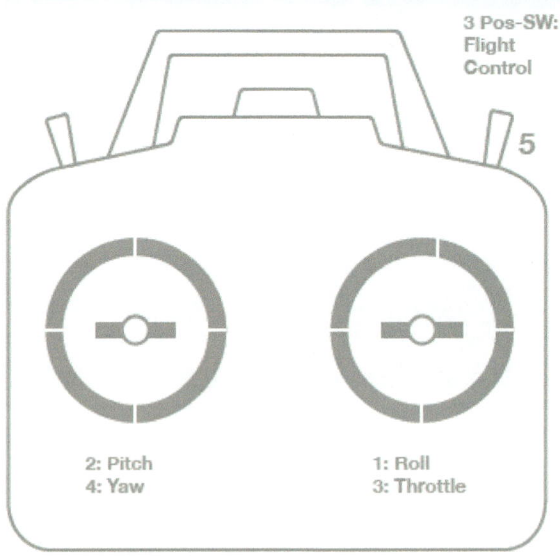

조종기의 스틱을 최대로 이동시켜서 그 값을 인식하도록 한다. 스틱의 각 모서리로 조종기 레버를 이동시키는 작업을 몇 회 반복한다.

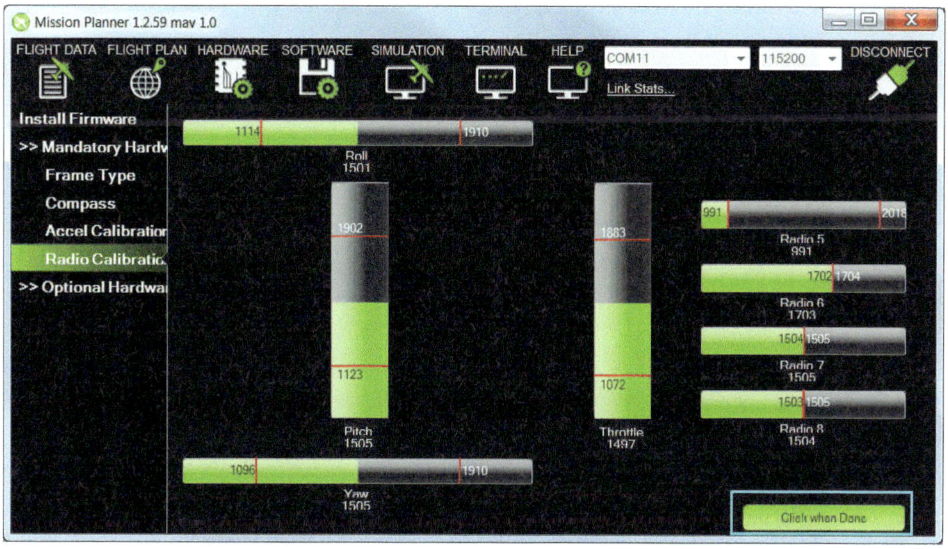

그림처럼 최대, 최소값이 결정되면 하단을 클릭한다.

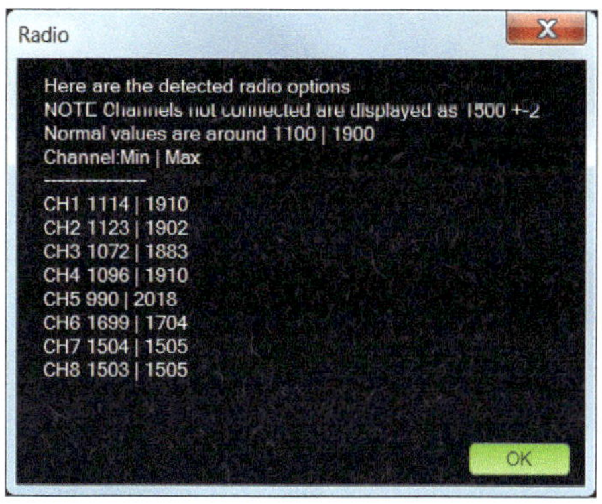

메뉴 창이 하나 뜨면서 현재의 조종기값을 보여준다. 이 값을 기준으로 이제 FC에 여러 가지 명령을 보내게 된다.

※ 조종기가 변경되면 이 작업을 한 번 더 수행해야 한다.

4-7 Flight Modes

플라이트 모드는 드론의 기능 중 하나로 어떤 모드로 비행할 것인지를 명령하는 모드 스위치를 말한다.

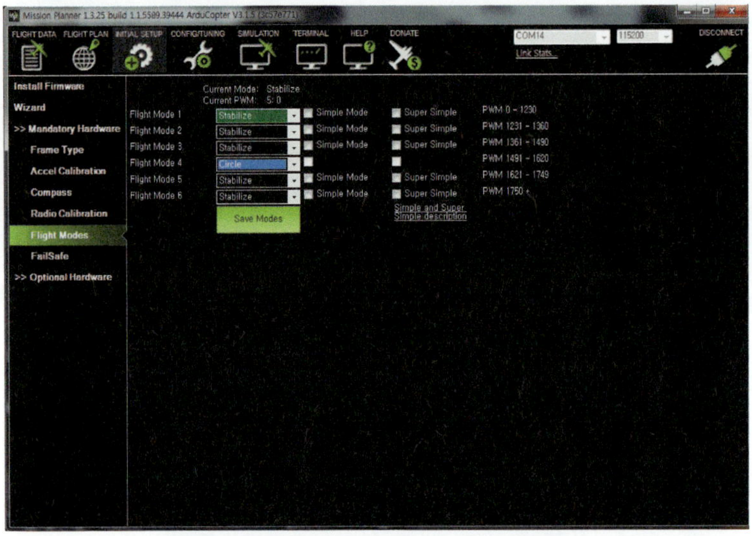

기능 스위치인 플라이트 모드는 반드시 수신기의 5번 채널로 구동시켜야 활성화된다. 설정 후에 반드시 하단의 버튼을 클릭한다.

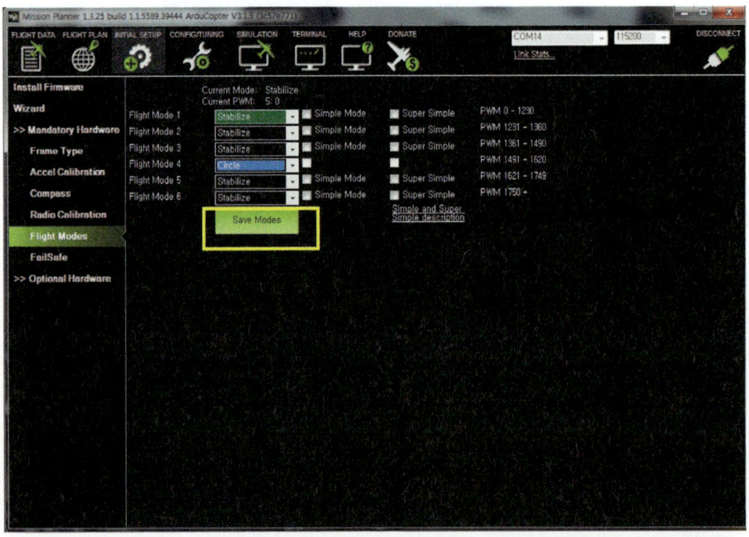

4-8 기압 센서 초기화 방법

드론의 기압 센서의 역할은 매우 중요하다. 드론의 많은 기능 중에서 '고도 홀드' 기능이 있다. 고도 홀도 기능은 자이로 센서와 가속도 센서가 활성화되는 스테빌라이저 기능에 고도(alt)가 추가되는 형식이다. GPS 기능을 사용하는 것이 아니기 때문에 당연히 고도만 유지해 비행한다. 이때, 드론은 한곳에 머물지 못하고 이리저리 움직이게 되는데 이런 현상을 드리프트(Drift)라고 한다.

기압 센서 초기화를 위해 처음 화면인 FLIGHT DATA로 이동한다.

HUD 화면 아래의 메뉴 중에서 Action 메뉴를 눌러 이동한다.

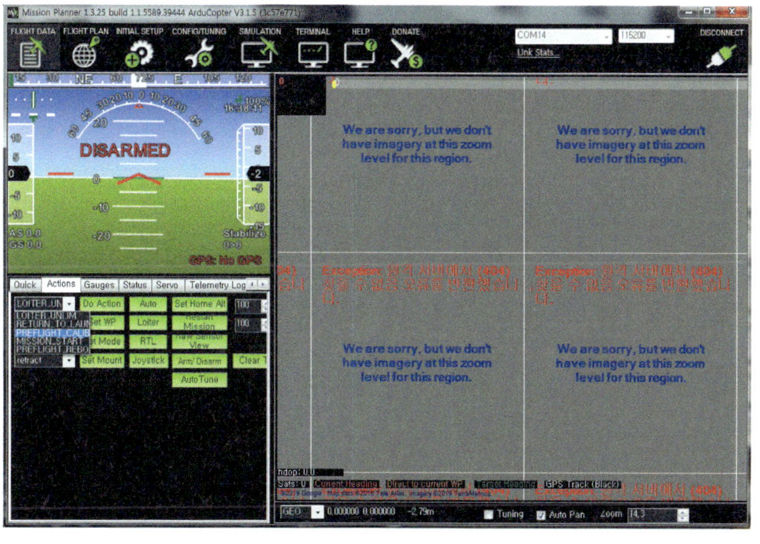

메뉴 중 3번째 PREFLIGHT_CALIB를 선택하고 Do Action 버튼을 누른다.

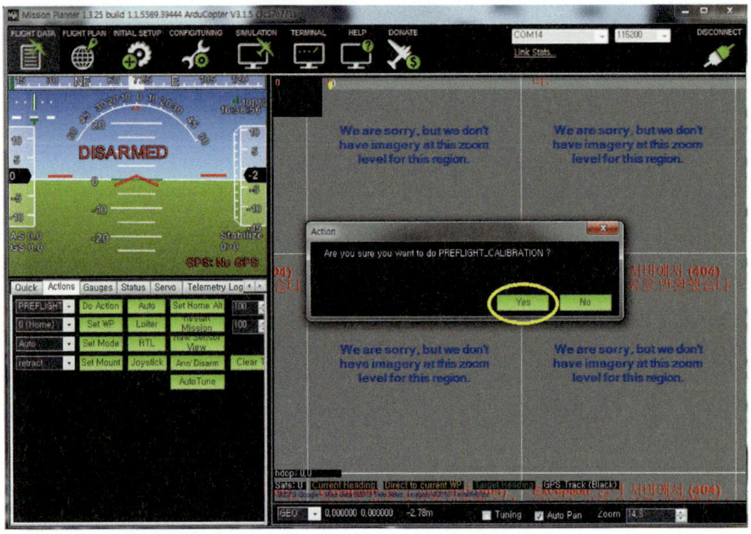

기압 센서가 초기화되어 기체의 상태가 수평이 자동으로 설정된다.

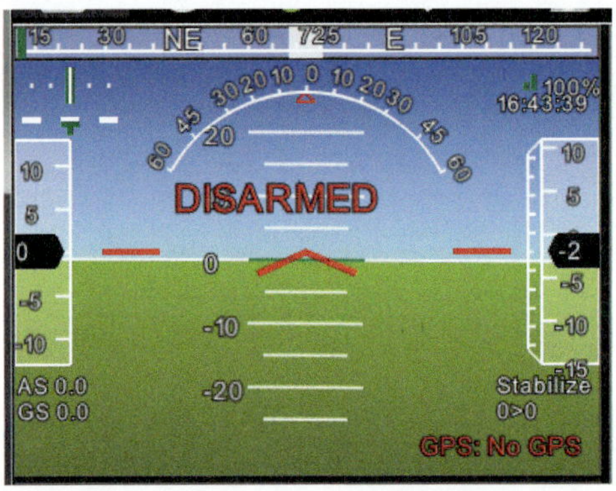

수평 상태가 아래 그림처럼 초기화된다.

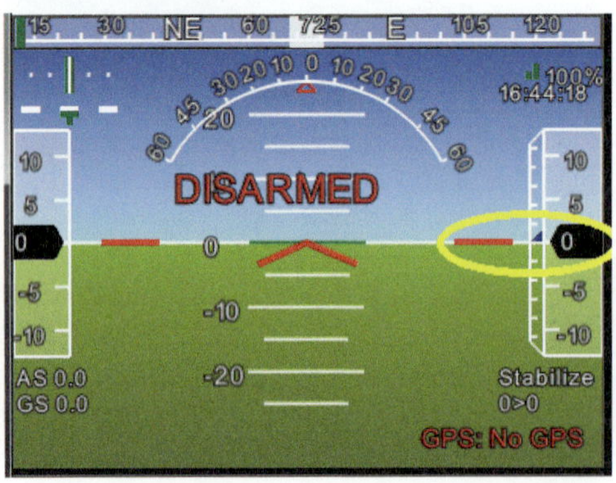

4-9 모터 시동 걸기 규칙

드론의 모터를 사용자가 ON/OFF 하는 이유는 안전사고를 예방하기 위한 하나의 안전장치인 셈이다. 만일 드론에 배터리를 연결하고 스틱만 올리면 드론이 구동된다면 매우 위험한 상황이 될 수도 있기 때문에 드론을 물리적인 방법을 수행해서 행동으로 ON/OFF 하도록 점차 변화된 증거이다.

이에 따라, 드론의 제조사마다 특정한 행동(행동)을 취해 모터의 시동 명령을 보내는데, APM의 경우는 스틱 레버를 오른쪽, 또는 왼쪽으로 이동시키는 것으로 한다(DJI의 경우 스틱을 모으는 행동으로 시동을 건다).

드론의 시동(Arming : 아밍)을 위해 CONFIG/TUNNING 메뉴로 이동한다.

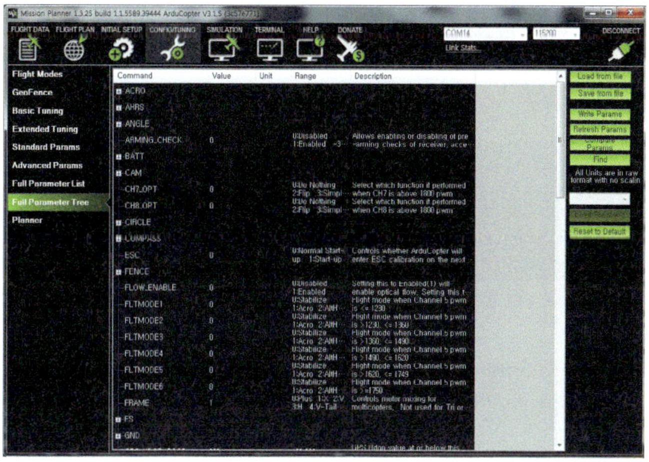

좌측 메뉴 중에서 Full Parameter Tree로 이동하면 ARMING_CHECK 설정이 보인다.

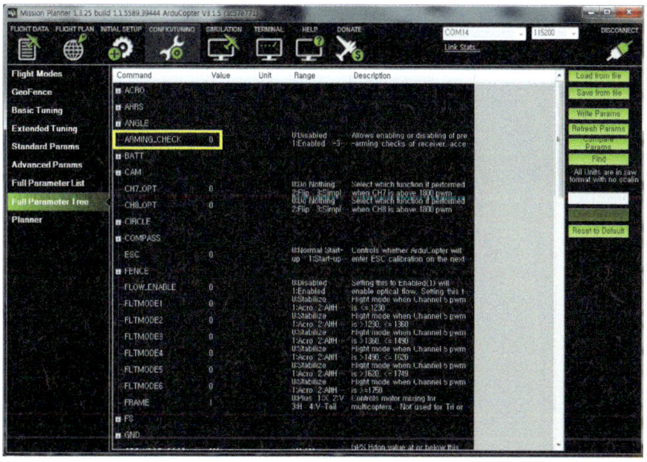

ARMING_CHECK 모드가 0이면 어떤 조건도 허락하지 않고 그대로 모터를 ON/OFF 시키겠다는 것이며, 나머지 조건들로 변경하면 특정한 상태가 에러일 경우 절대로 시동을 걸지 못하게 하겠다는 안전장치이다.

4-10 PID 튜닝

PID란 비례 적분 미분 제어기(Proportional-Integral-Differential controller)를 의미한다. 특정 시스템의 오차와 에러를 예측해 가장 이상적인 제어 값을 찾는 제어 기법을 말한다. 드론은 수평 상태(즉, 0의 Angle)가 가장 이상적인 상태로 유지되어야 하므로, 그 값을 실시간으로 제어해줘야 한다. 이러한 기능을 설정하고 드론마다 고유의 밸런스와 특징을 고려하여 가장 이상적인 PID값으로 튜닝해야 한다.

Extended Tunning으로 이동하면 아래의 그림이 보인다.

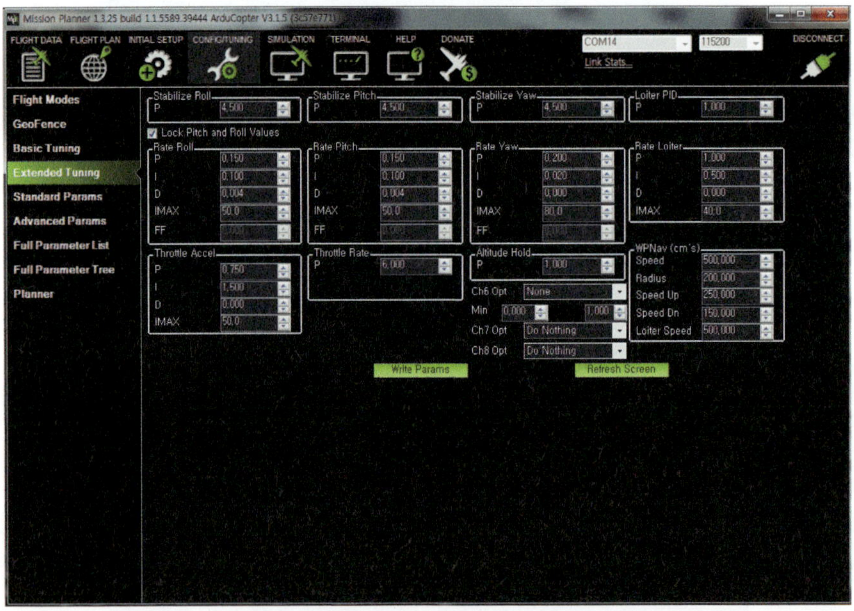

현재의 기본 설정(default)값으로 설정이 돼 있다.

아래의 1번은 조종기의 스틱의 감도를 설정하는 부분이다. 초보자이면 값이 크지 않은 것이 좋다.(보통 3~3.5)

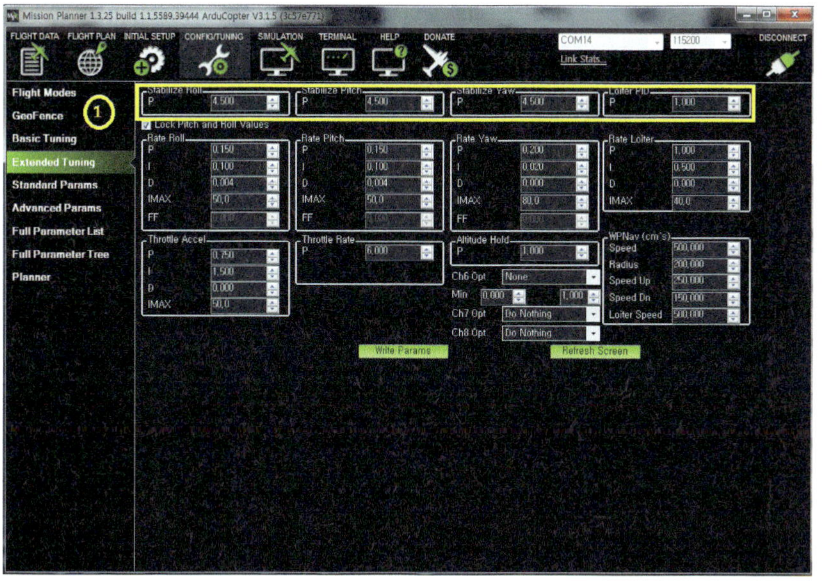

아래는 PID값을 직접 찾아내서 입력하는 곳이다. 기체의 크기와 유형에 따라 값이 달라진다. 현재는 기본 세팅 값의 화면이다.

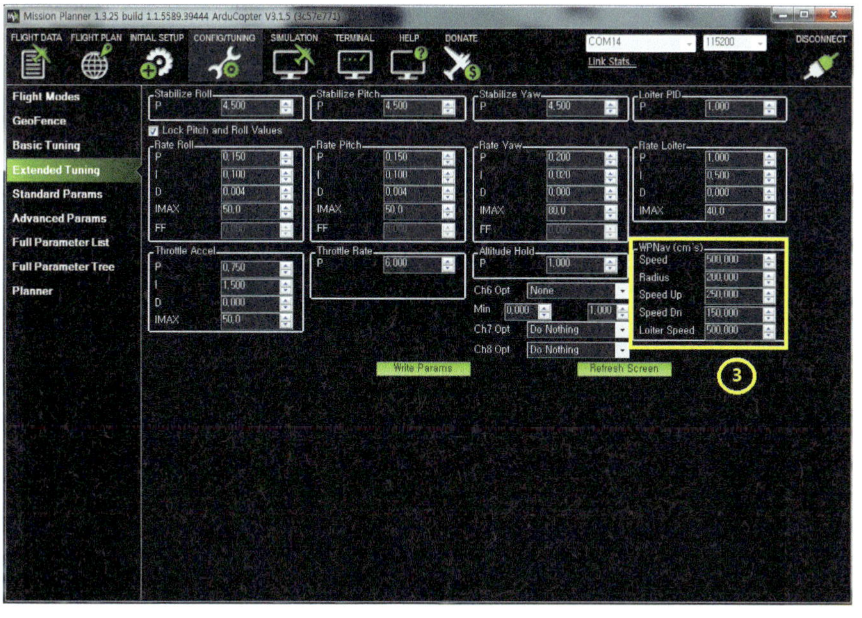

3번은 자동 미션을 수행하기 위한 설정 부분이다. 드론의 포인트 간 이동속도, 반경, 상/하강 속도 등을 설정한다.

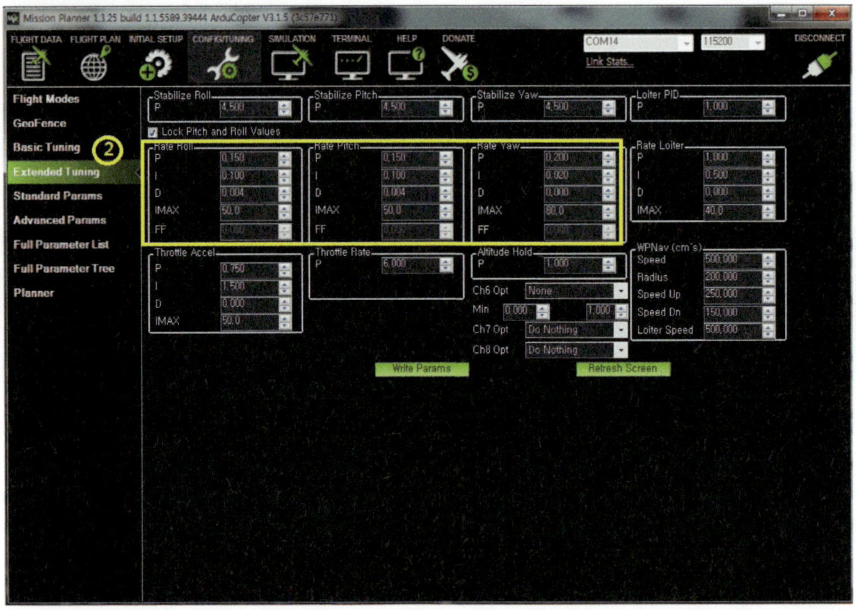

Chapter 03

드론 FC 프로그래밍

본 장에서는 본격적인 드론 FC 프로그래밍에 관해서 설명한다.
드론을 프로그래밍한다는 말은 드론에 장착된 FC(Flight controller)의
프로그램을 건드려 원하는 제어를 한다는 의미이다. 따라서 기초적인 지식이 없는 사람들은
프로그래밍하려는 엄두를 내지 못한다. 하지만 이 책의 목적이 무엇인가? 모든 사람이
쉽게 프로그래밍을 할 수 있도록 도움을 주기 위해서
본 책을 발간하지 않았겠는가?
초기에 드론을 제어하려면 기본적인 임베디드 프로그래밍에 대해서 이해해야 한다.
임베디드 프로그래밍이란 독립적으로 동작하는 전자기기에 내장된 임무를 수행하는 모든
시스템을 의미한다. 예를 들어, 휴대전화, TV, 냉장고, 세탁기 등등의 제품 내부에는
MCU(Micro controller unit)이라는 소형 프로세서가 내장돼 있어서
원하는 동작을 스스로 할 수 있도록 프로그래밍이 된 제품들이다.
지금부터 우리는 그 MCU를 건드려서 우리가 원하는 동작들을 제어해 볼 것이며, 하나의
명령을 통해 작동되는 현상을 직접 눈으로 확인하며
화면으로 출력도 해 볼 것이다.
드론의 가장 큰 장점인 호버링(Hovering : 공중 정지) 기능은
드론이 중력의 영향을 받는 상황에서 어떻게 수평 상태를 제대로 유지할 것인지에 대한
검증이며, GPS 모듈을 추가 사용하여 드론에 어떤 정보를 주고
드론 자신의 위치를 확인시켜, 조종기의 스틱을 놓아도 드론이 스스로 공중정지를 할 수
있게 되는 과정을 이해하기에 이를 것이다.
드론 프로그래밍은 누구나 시도하려면 쉽지 않은 일이지만 이젠 여러분은 아마도 쉽게
드론시스템을 구현할 수 있지 않을까 조심스레 생각해 본다.
이제부터는 여러분들의 시간이 된 것이다.

1

임베디드 프로그래밍의 목적

1-1 임베디드 프로그래밍의 정의

임베디드 프로그래밍(Embedded Programming)이란 어떠한 특수 목적을 위해서 만들어진 프로그래밍이 가능한 모든 기기를 말한다. 일반적인 전자기기에 사용되어 기능을 수행하기 위해서 마이크로프로세서가(MCU) 내장된 것으로 목적 프로그래밍이 가능한 시스템을 의미한다.

1-2 소프트웨어

부트로더는 하드웨어 초기화, 커널 부팅, 명령처리 등을 담당한다. 목적은 리눅스 커널 부팅 이전에 미리 실행되면서 커널이 올바르게 부팅되는 데 필요한 모든 관련 작업을 마무리하고 최종적으로 리눅스 커널을 부팅시키는 것이다. 부트로더의 명령어는 보드마다 조금씩 다르지만 대체로 비슷하다. 대개 하드웨어 제조사에서 제공한다.

- 커널 : 운영 체제를 이루는 핵심적 소프트웨어
- 루트 파일 시스템
- 디바이스 드라이버

- 문자 (character) 디바이스 : open, close, read, write같은 시스템 콜로 구현한다. 바이트 단위로 입출력한다는 점은 파일과 같으나, 문자 디바이스는 데이터 채널로서 순차적으로만 접근 가능하다는 점이 파일 시스템과 다르다. 블록과 네트워크는 전문적인 곳 위주로 작성되고, 실제로 일반 프로그래머가 작성하는 것은 문자 디바이스가 대부분이다. 터치스크린의 디바이스 드라이버는 이쪽에 속한다.

- 블록 디바이스
- 네트워크 디바이스
- 하드웨어 제어 프로그래밍

1-3 임베디드 개발 환경

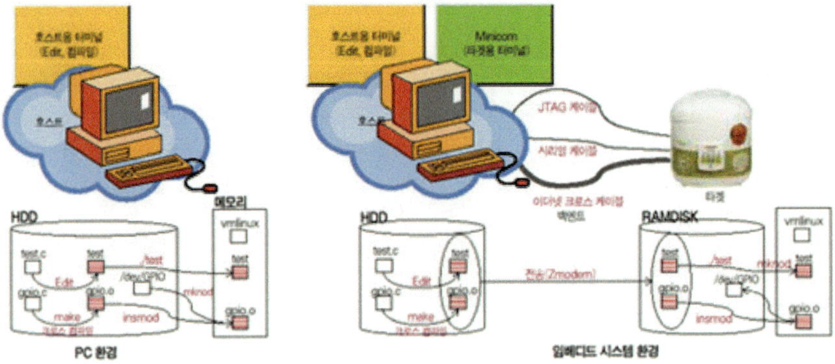

PC에서 소프트웨어 작업은 커널이나 디바이스 드라이버가 이미 준비된 상태에서 애플리케이션 작업만을 수행하는 것이었다. 물론 하드웨어도 거의 비슷한 형태로 제공된다. 임베디드 시스템에서는 사용되는 CPU가 다르고 이를 위한 개발 환경을 구축해야 하며, 직접 커널을 포팅(이식)해야 한다. 그리고 디바이스 드라이버도 해당 시스템에 맞게 제작하여야 한다. 그 이후에야 애플리케이션 프로그램을 작성한다.

임베디드 시스템의 구성요소

왼편의 일반적인 전자기기들이 임베디드 시스템이며, 오른편이 임베디드 시스템으로 갖춰야 하는 구성요소이다.

1-4 개발 환경 구축

일반적으로 PC에서 작업한 프로그램은 특정 타겟보드(Target-board)로 데이터를 전송하게 되는데 이 파일은 바이너리(Binary : 이진화)코드이다. 이와 함께 헥사 코드(Hexa code)는 16진수를 의미하며 가장 널리 사용된다.

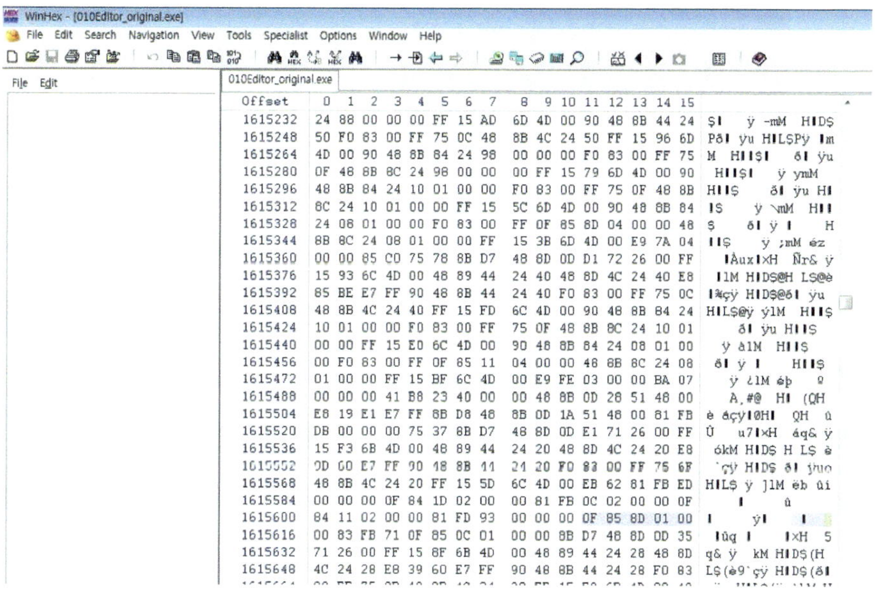

16진수란 16을 기수로 하는 번호체계를 말한다. 즉, 그것은 다음 숫자를 위해 새로운 위치를 추가하기 전에 16개의 일련번호를 기본 단위로 포함하는 번호체계이다. 여기서 우리가 사용하는 10진법의 “16”이란, 16진수로는 “10”에 해당한다는 데 유의한다. 16진법에서는 숫자 0~9까지와 영문 알파벳 문자 A~F까지를 사용한다. 아래의 표에 모두 같은 값을 갖는 2진수와 10진수 그리고 16진수를 나타내었다.

16진수는 한 바이트가 거의 항상 8bit로 정의되는 근대의 컴퓨터에서 2진수를 표현하는 편리한 방법이다. 컴퓨터 기억장소의 내용을 보여줄 때(새로운 프로그램을 디버깅하기 위하여 메모리 덤프를 하거나, 또는 텍스트 문자열을 표현할 때, 또는 2진수 값의 스트링을 프로그램이나 HTML 페이지에 코딩할 때 등), 하나의 16진수 숫자는 4개의 2진수 숫자를 표시할 수 있다. 두 개의 16진수 숫자는 8bit, 즉 한 바이트를 표현할 수 있다.

1-4-1 개발 환경 구축 - Codevision Compiler

Codevision Compiler 사용자는 위저드(Wizard)기능을 활용하여 쉽게 개발 환경을 설정할 수 있다.

코드비전 컴파일러의 초기 화면

코드비전 컴파일러의 특징을 살펴보면 아래와 같다.

CodeVisionAVR 특징

- Atmel AVR용 통합 환경 C 컴파일러. 통합 환경 내에 여러 가지 ISP 기능 포함. 통합 환경 내에 비동기 통신 터미널 기능 내장.
- 윈도우 95, 98, NT4.0, 2000 등의 환경에서 동작.
- 생성된 COFF파일은 AVR Studio를 사용하여 소스 레벨 디버깅 가능.
- 표준 라이브러리 외에 아래의 여러 가지 주변 소자 라이브러리 포함.
  -- 문자형 LCD 모듈
  -- Philips I^2C 버스
  -- 온도 센서 소자(LM75, DS1820)
  -- Real Time Clock 소자 지원)
  -- Dallas 1 Wire 프로토콜
  -- Thermometer/Thermostat (ds1621)
  -- SPI
  -- Delay 함수
  -- Power management
  -- 자동 소스 생성 기능 내장

이 밖의 많은 기능들은 차차 살펴보기로 한다.

1-4-2 프로그램 다운로드

1. 컴파일러 설치하기

=> 다운받는곳 : http://www.hpinfotech.ro/cvavre.zip V2.60 Evaluation Version
(4kbytes code size limited version)

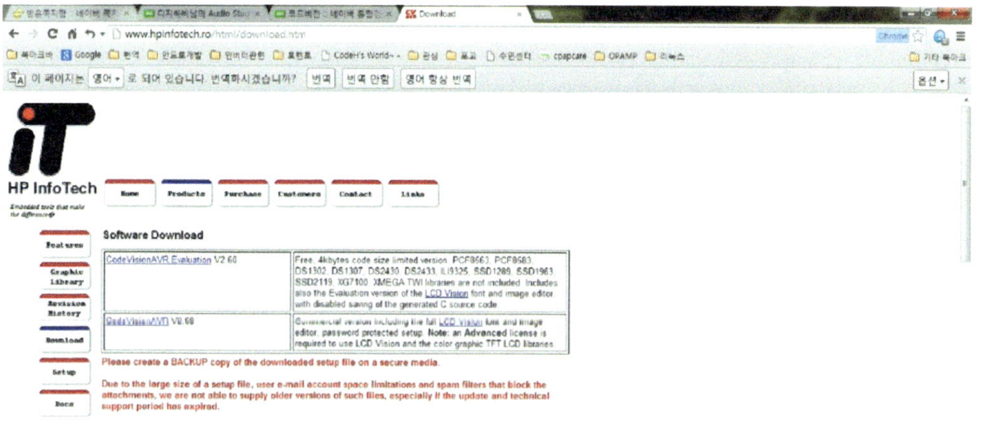

cvavr.zip 파일을 풀면 setup.exe 파일이 있다. 설치를 진행하면 아래와 같은 화면이 뜬다.

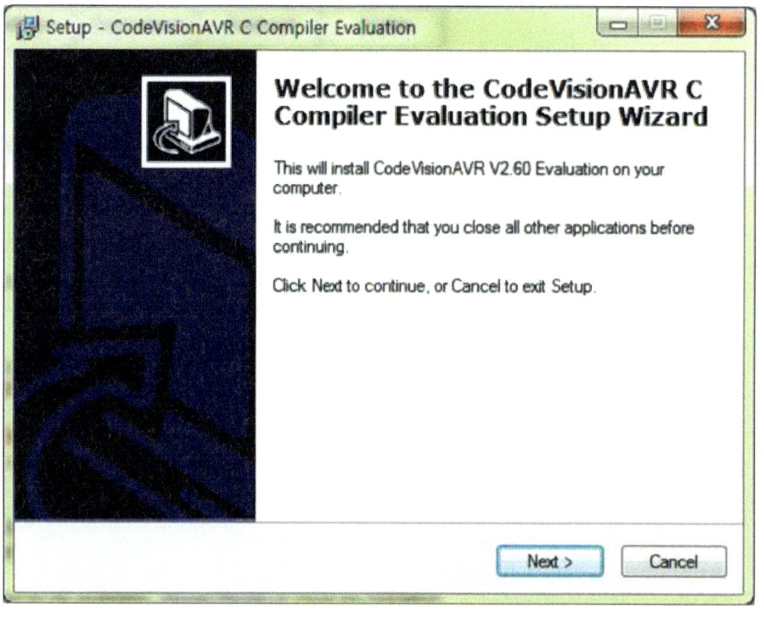

Next를 눌러 진행한다.

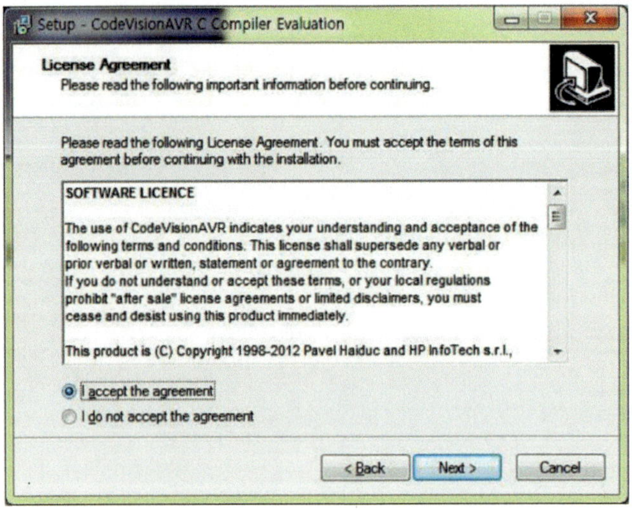

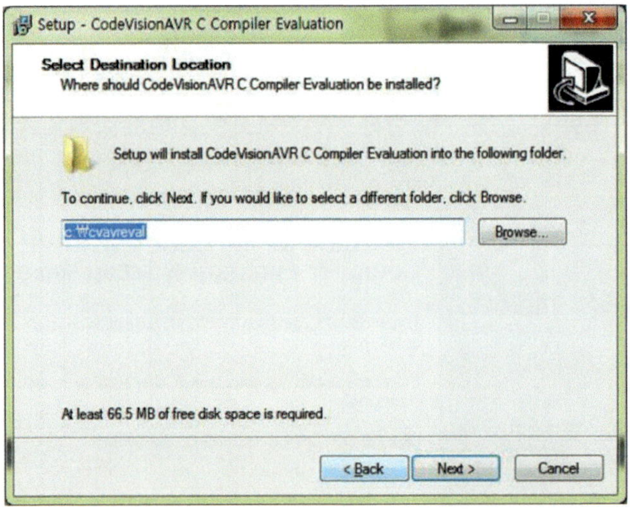

예를 눌러 진행한다.

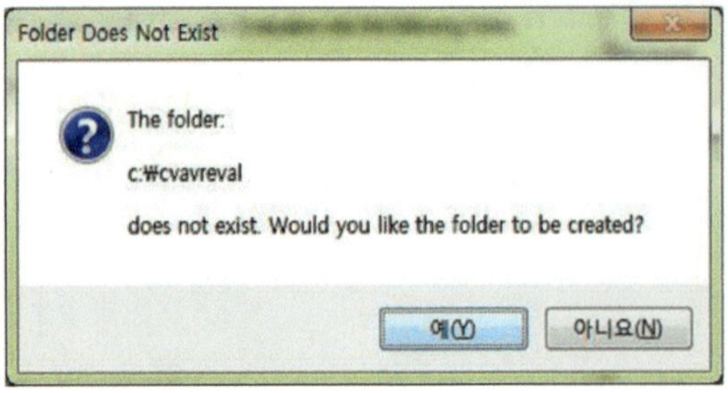

설치할 폴더를 설정한다. 그냥 권장 폴더로 하고 Next를 누른다.

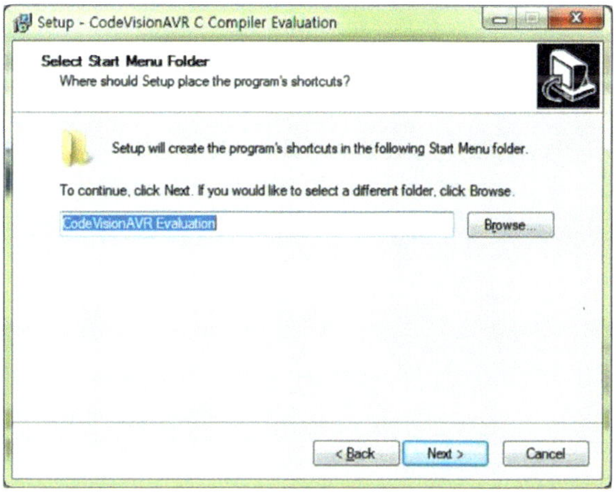

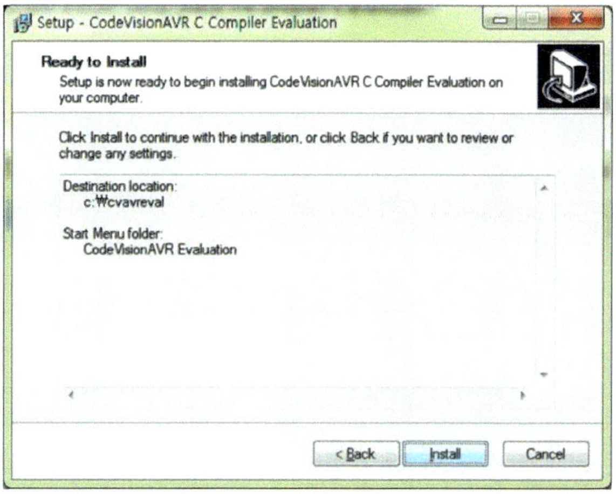

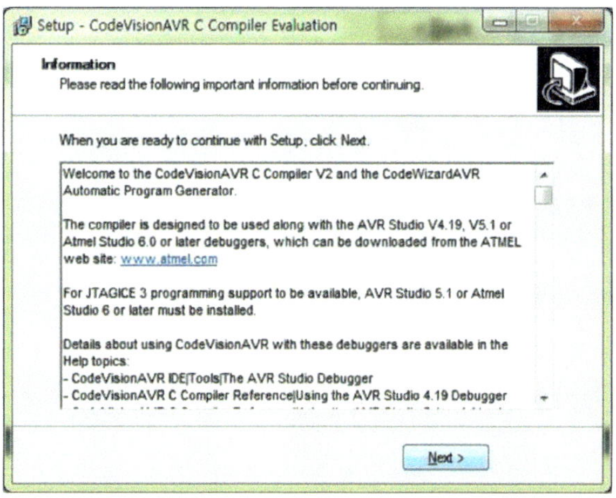

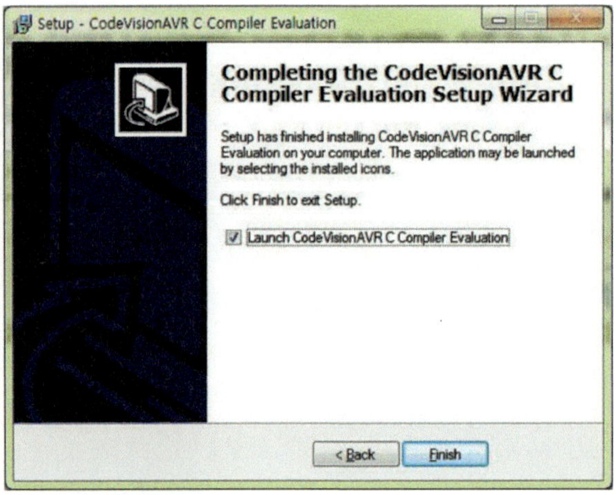

모든 설치가 끝난 화면이다.

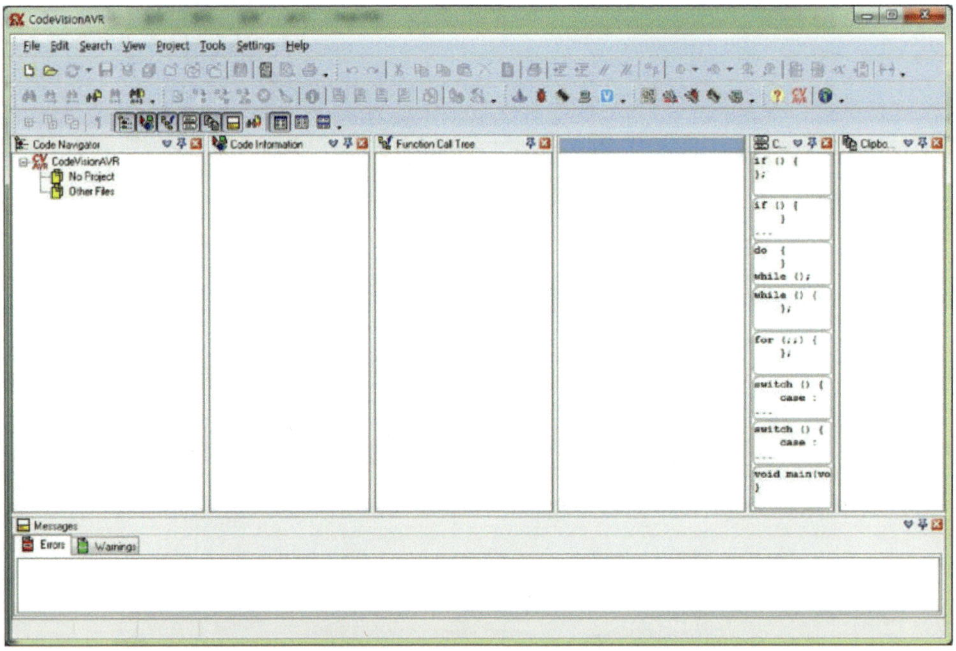

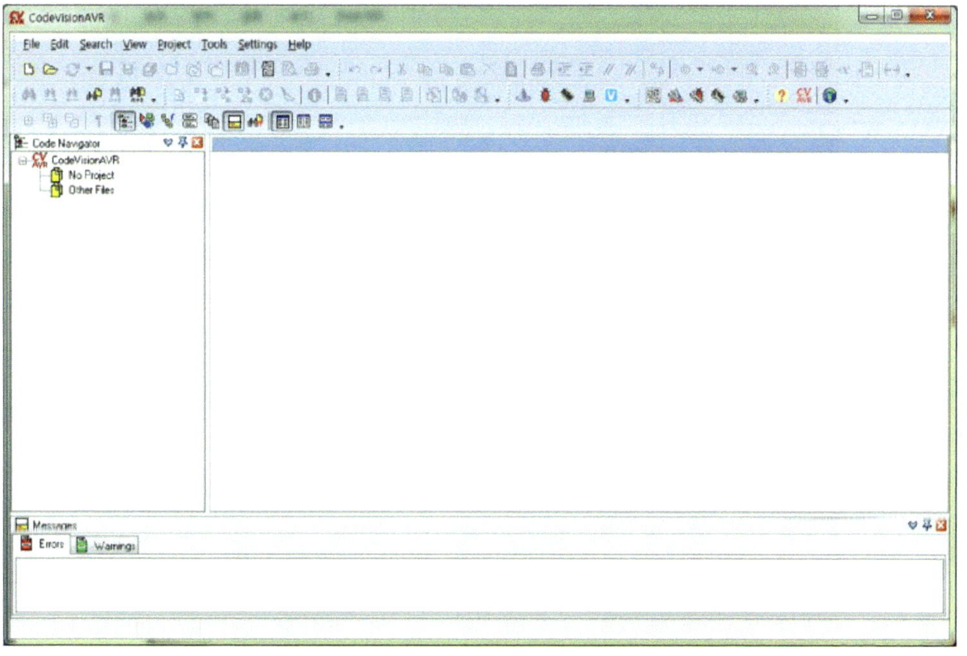

Code navigator만 놓고 나머지는 모두 'x' 표시를 눌러 닫는다. 이것으로 기본 환경이 설정되었다.

1-5 프로젝트 만들기

프로젝트를 선택하고 OK 버튼을 누른다.

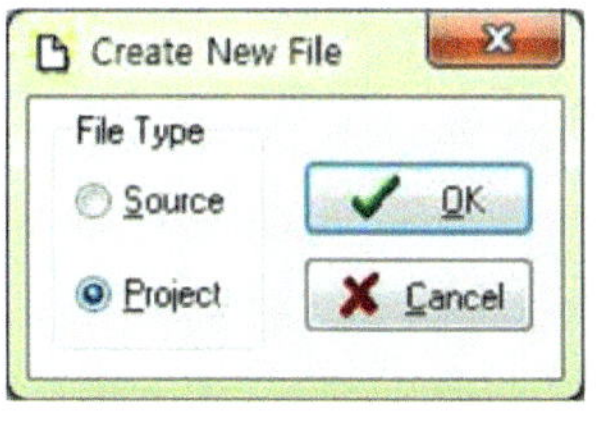

Yes를 눌러 코드 위저드(마법사 기능)를 실행한다.

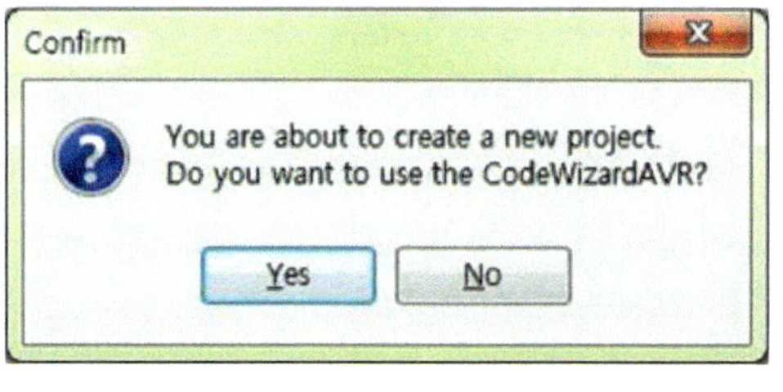

사용할 칩(Chip → 실제 프로그래밍할 MCU) 타입을 설정한다. LEE DRONE FC를 사용할 경우 Atmega2560을 선택한다.

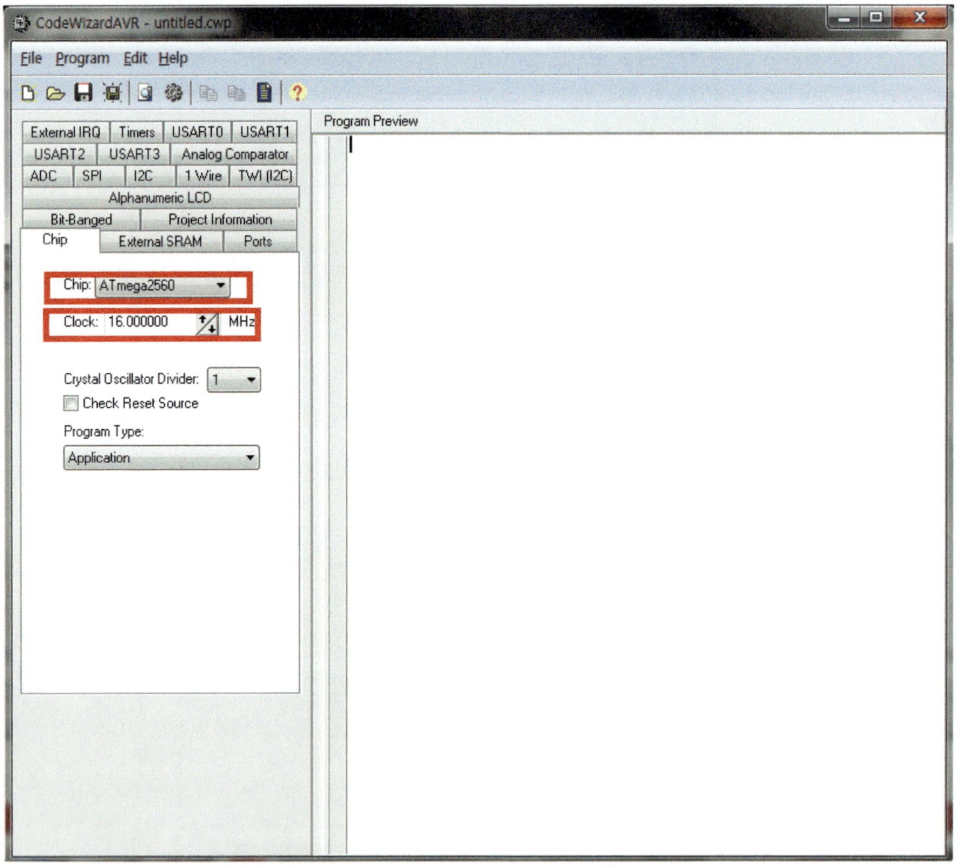

Atmega2560 칩을 선택하면 그림처럼 chip type이 설정된다. 아래의 크리스탈은 16MHZ로 선택한다.

※ 컴퓨터 사양에 따라서 화면이 늦게 보이는 경우가 있으니, 인내를 가지고 기다리면 된다.

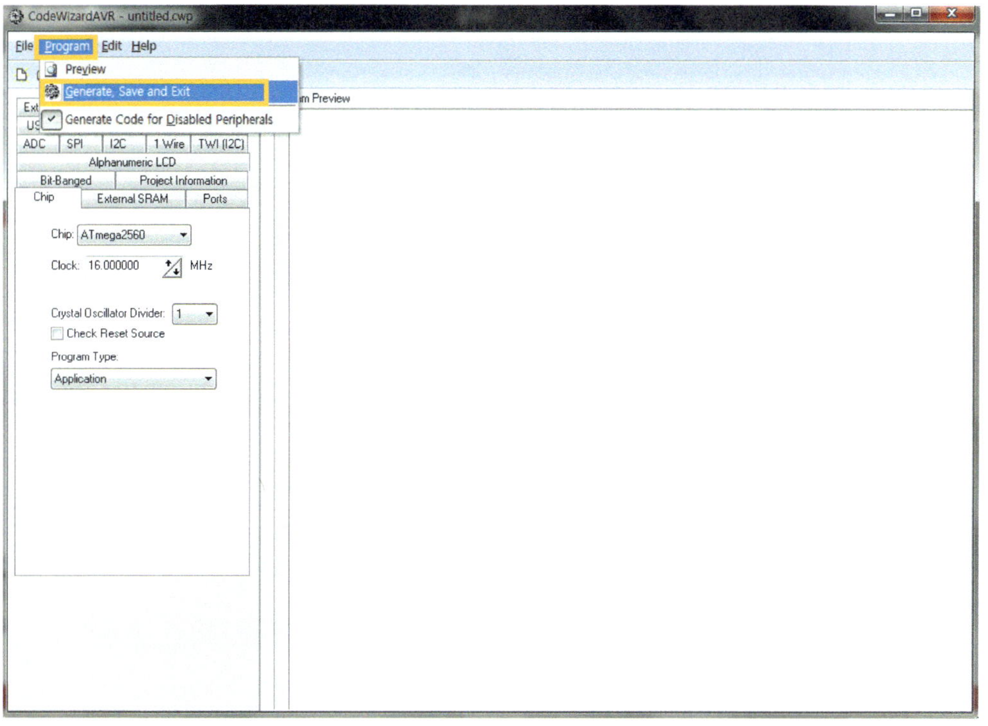

원하는 기능을 추가한 후, Program 메뉴 → Generate, Save & Exit를 누른다.

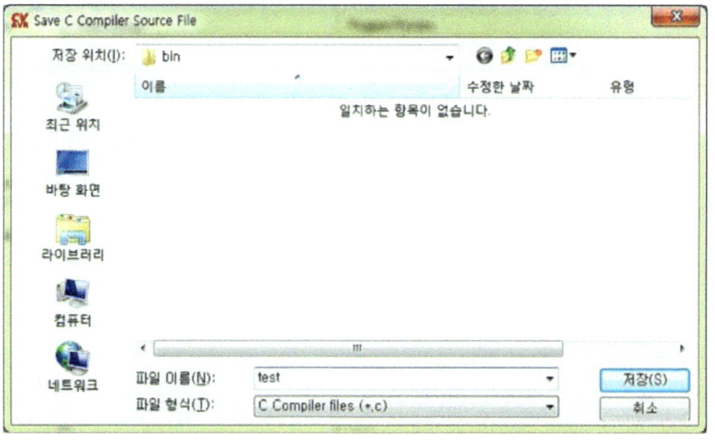

프로젝트 파일명을 입력하고 엔터(Enter) 총 3번을 같은 이름으로 입력해야 한다.

아래와 같이 기본 환경설정과 코드가 생성된다.

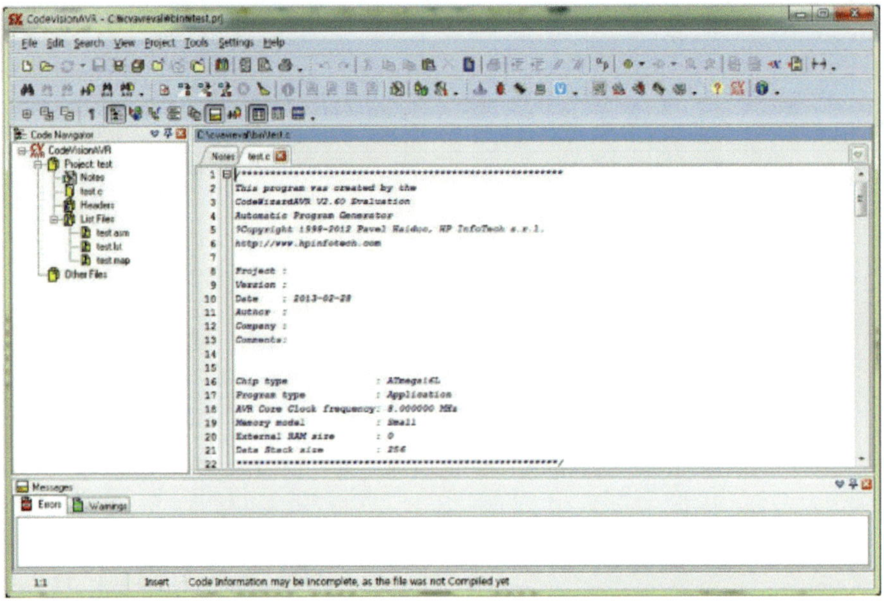

1-6 컴파일 및 다운로드

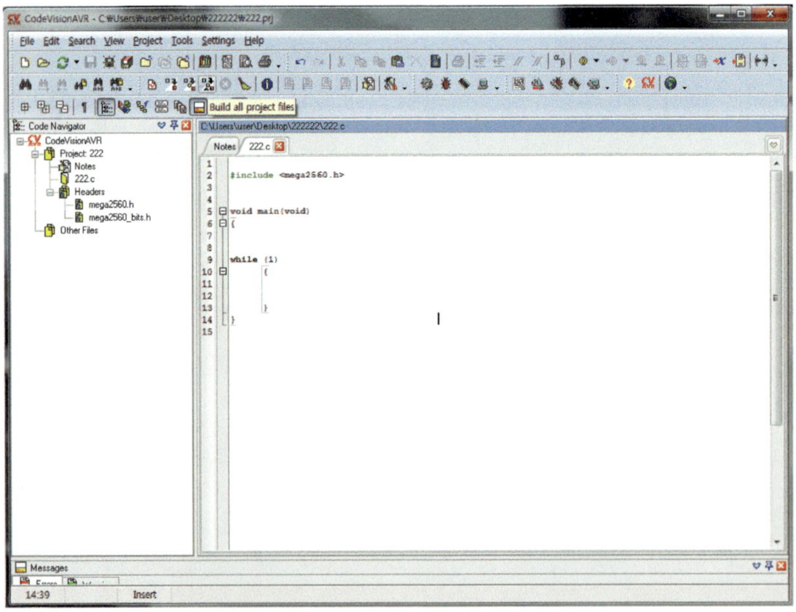

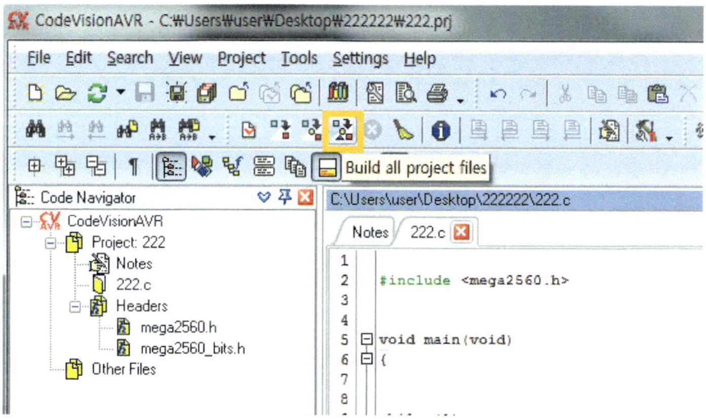

프로그램을 작성한 후, Build all project files 버튼을 누른다.

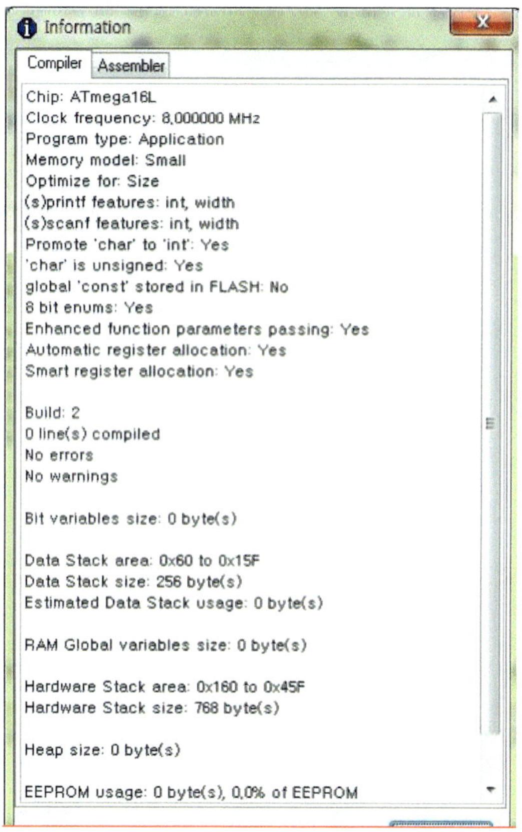

중간에 No error, No warning이라고 뜨면 컴파일 성공이다. warning이 뜨더라도 문제가 아니므로 그냥 OK 버튼을 누른다.

1-7 펌웨어 다운로드(프로그램 쓰기)-STK500 사용 예

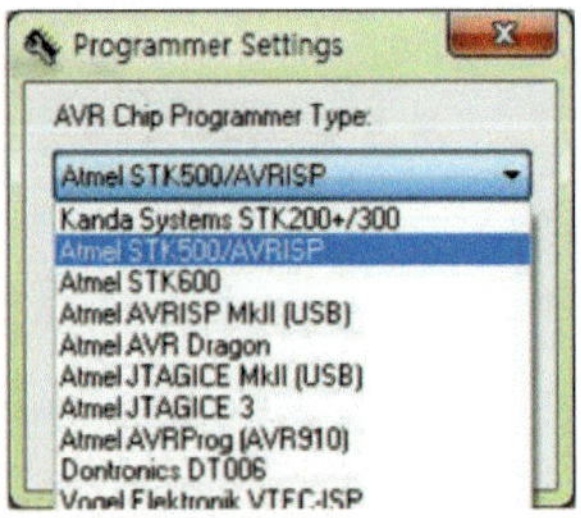

Setting에서 Programmer를 선택한다.

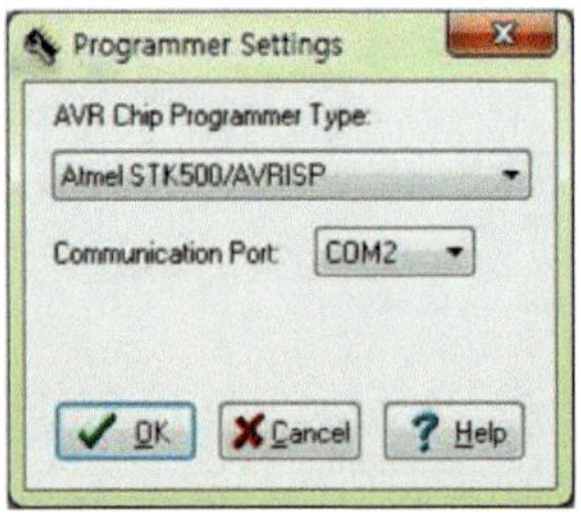

STK500 라이팅 툴이라면 위와 같이 설정한다.

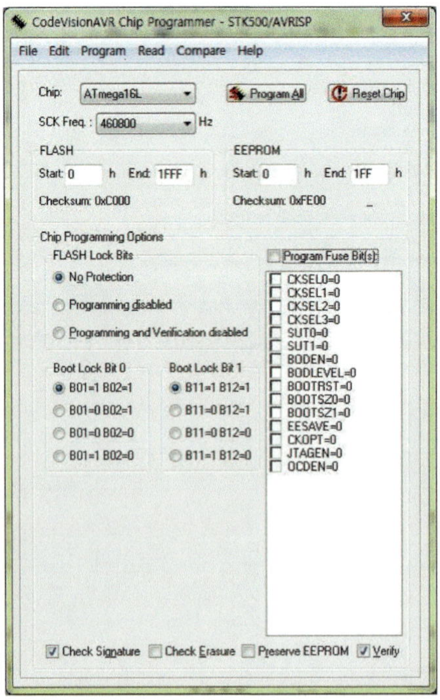

Tool → Chip Programmer (Shift + F4)선택 - Fuse bit 해제

Program All 버튼을 눌러 라이팅(Writing) 한다. 라이팅 버튼을 누르면 자신의 펌웨어가 타겟 보드로 전송된다.

1-8 펌웨어 다운로드(프로그램 쓰기)-Atmel Studio 사용 예

Atmel studio를 아래 링크에서 내려 받는다.

→ https://www.microchip.com/mplab/avr-support/atmel-studio-7

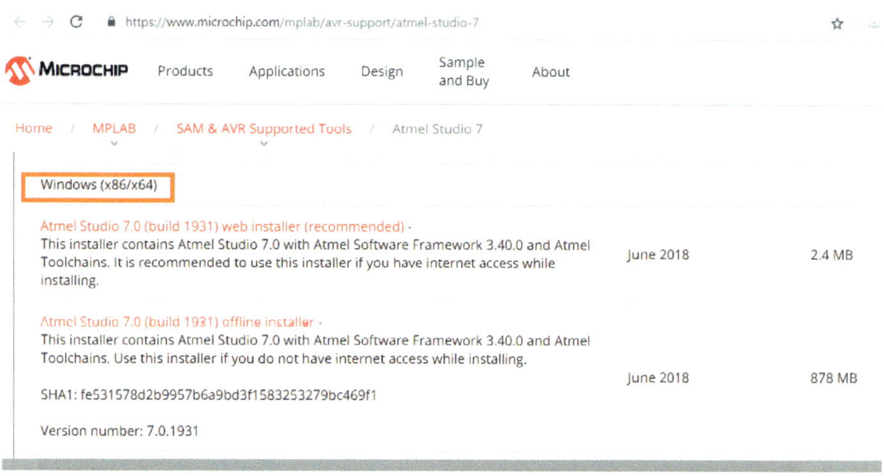

자신의 컴퓨팅 환경에 맞게 선택하고 download 한다.

1-8-1 MK2를 사용하여 다운로드 하기

인스톨이 완료되고 ATMEL STUDIO를 실행하면 위와 같은 화면이 뜬다.

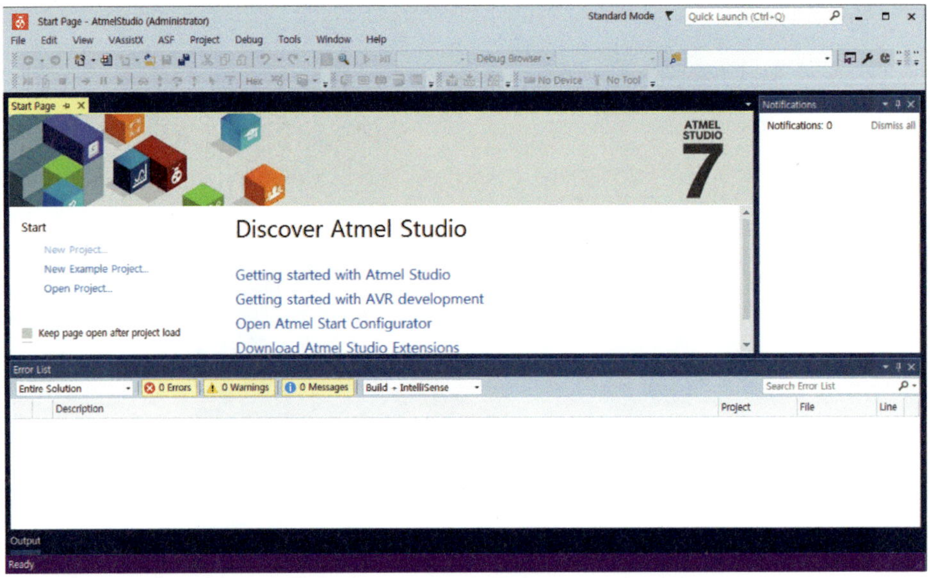

Tools 메뉴를 누른다.

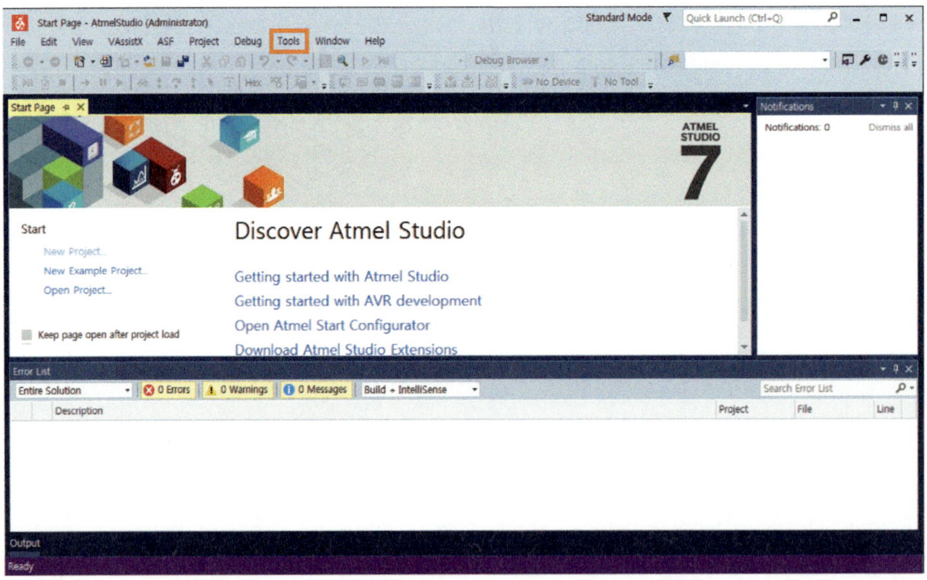

Device Programming 버튼을 누른다.

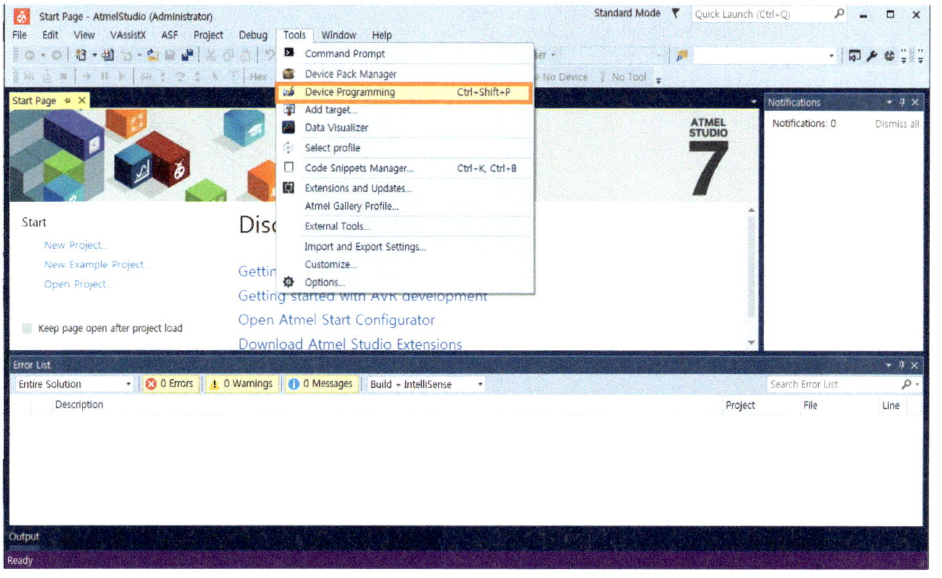

새로운 팝업창이 뜨면 좌측의 라이팅 툴을 선택한다. AVRISP mk2를 선택한다. Simulator는 기본적으로 내장된 툴이다.

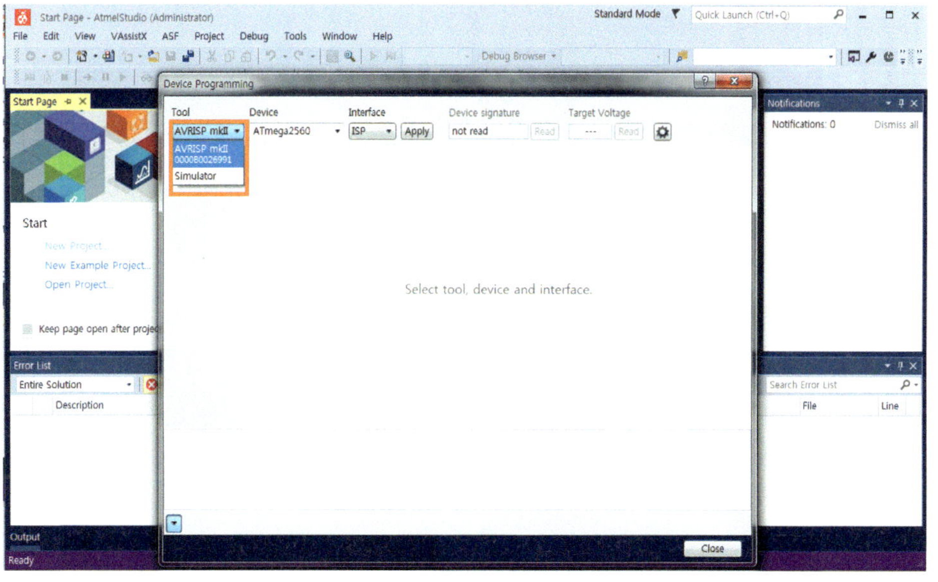

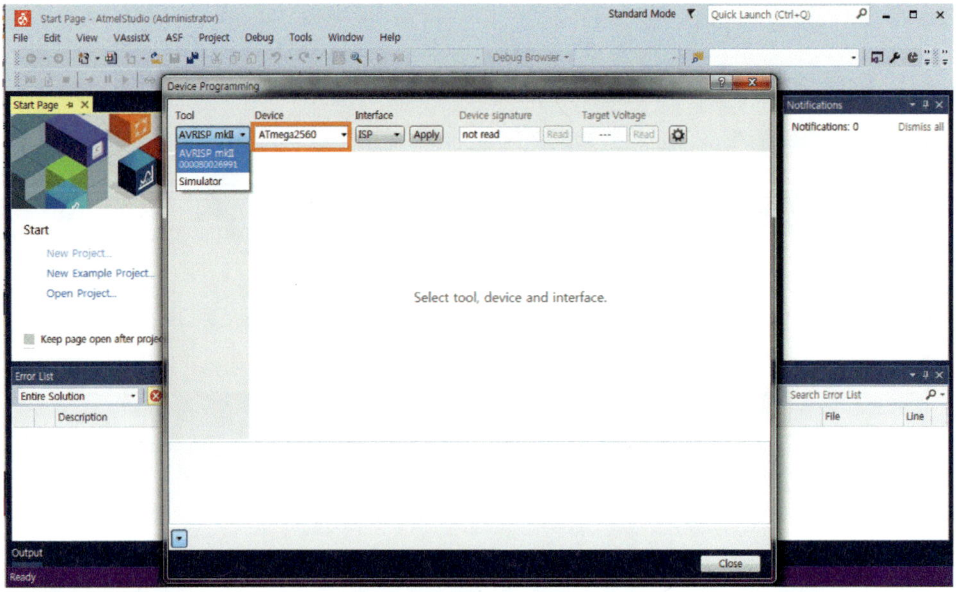

Device 목록에서 자신의 타겟보드(Target Board : 라이팅 하려는 보드의 MCU 선택)를 선택한다. LEE DRONE의 MCU는 Atmega2560이므로 선택한다. Apply를 누른다.

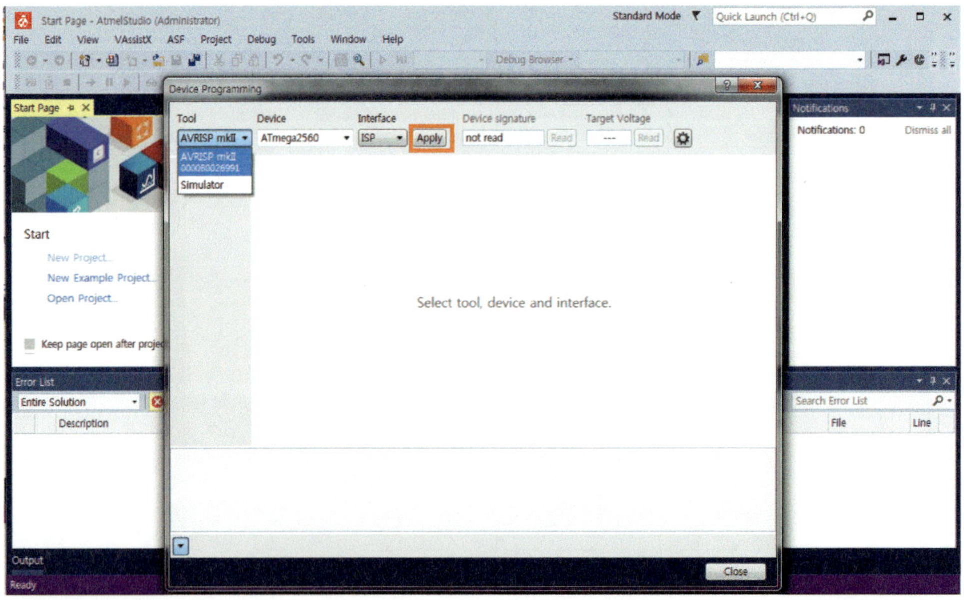

Read를 누른다.

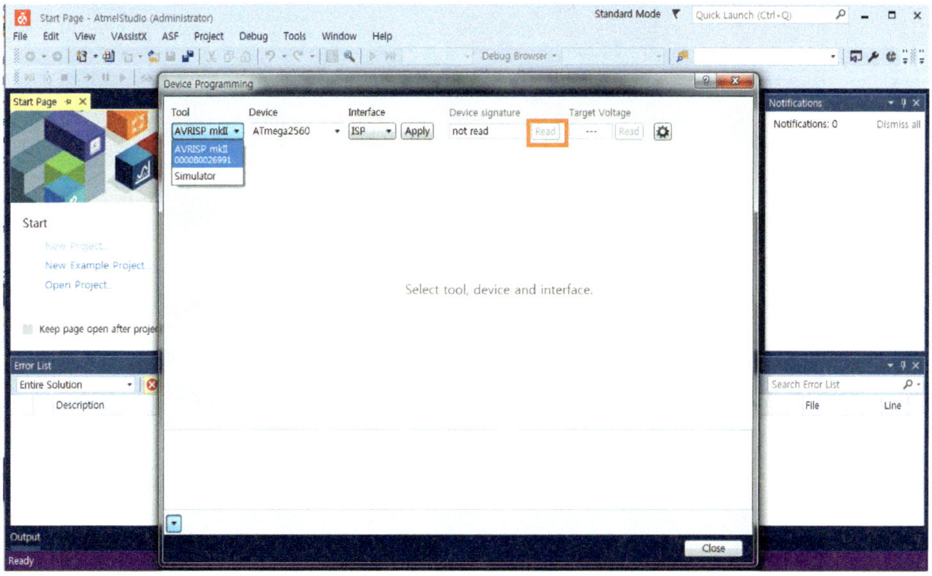

Memories를 누른다.

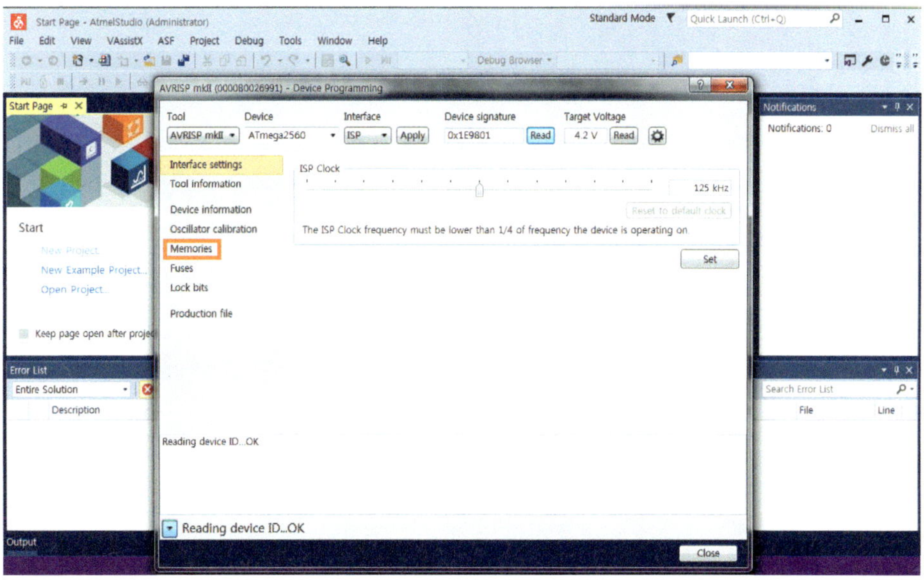

ISP Clock은 라이팅 속도와 관련이 있다. 125khz 상태가 기본이므로 기본으로 설정한다.

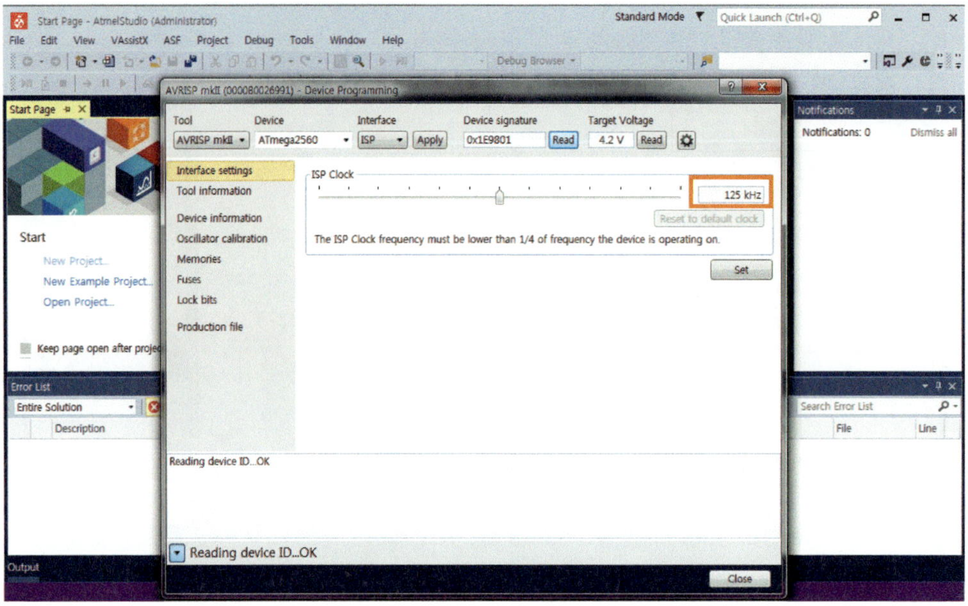

Flash 부분에서 자신이 프로그래밍 한 *.hex 파일을 찾는다. 이 경우 파일 경로에 '한글 폴더'가 있으면 error 메시지가 뜨므로 반드시 영문으로 변경한다.

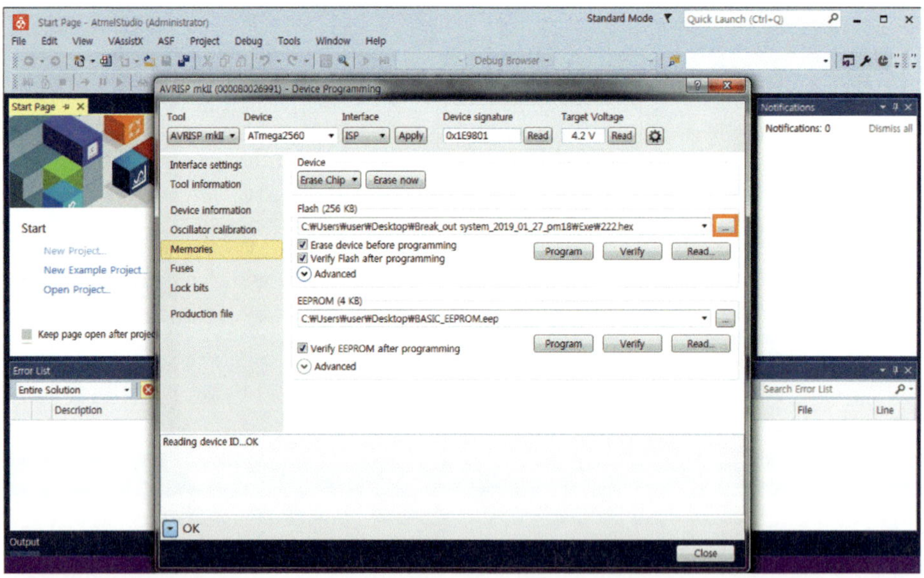

헥사 파일의 위치를 선택한 후, Program 버튼을 누르면 라이팅 된다.

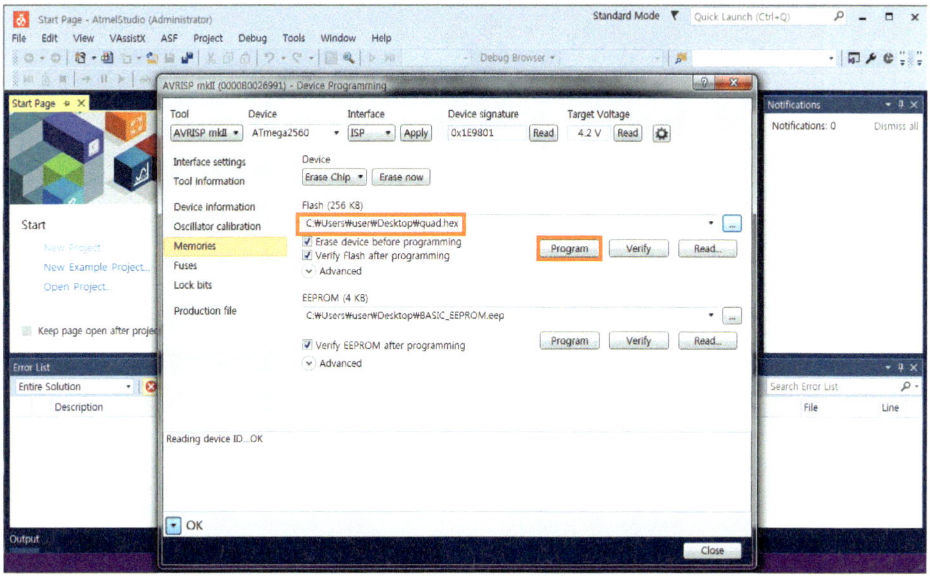

초기 MCU 내 데이터를 모두 지우고 라이팅이 시작되며, 하단의 progress bar(상태표시바 → 하단)에서 현재 진행 상태를 표시한다. 모두 문제없이 완료되면 타겟 보드는 이제 stand-alone 상태의 임베디드 시스템이 된다.

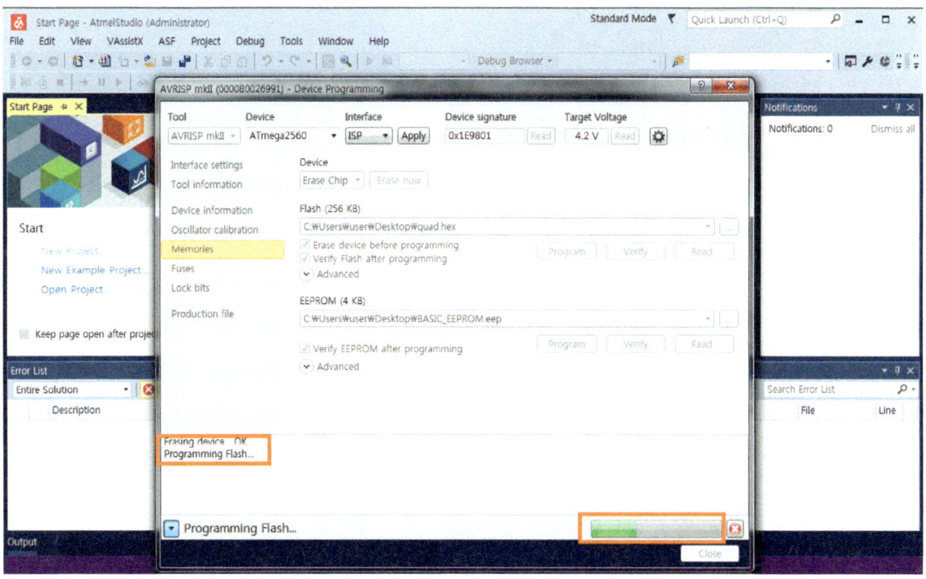

2

LEE DRONE FC의 구성

1. LED 표시부 : 드론의 동작이 작동 상태를 표시하는 장치로 불빛으로 상태를 표시

2. 기압 센서 : 드론의 고도를 유지 시켜 자세를 잡을 수 있도록 하는 센서로 일반적으로 기압 센서, 압력 센서라고 함

3. 레귤레이터 : 센서의 입력단 전압을 3.3V로 공급하기 위한 부품으로 입력은 5V, 출력은 3V이며, 자이로, 가속도, 기압 센서에 분배하여 공급

4. 모드 설정 : 점퍼로 직접 프로그래밍할 경우와 기본적인 프로그램을 구분하기 위한 점퍼

5.6 자이로 센서 + 가속도 센서 : MEMS 센서로 자이로와 가속도 센서가 내장돼 있는 부품이며, 드론의 자세 결정에 가장 중요한 센서

7. 모터 출력포트 : 드론의 최종 구동장치인 모터(BLDC)를 연결하는 포트

8. 레벨 컨버터 : 센서 전압 3.3V와 MCU 5V 간 전압 레벨을 맞춰주는 부품

9. 시리얼 모니터 포트 : 각종 값(수치)을 확인하기 위한 디버깅 포트

10. 프로그래밍 입력포트 : 자신이 직접 프로그래밍한 소스를 바이너리파일로 변환 후, FC 보드에 write하기 위한 포트

11. EEPROM : 경로 비행 및 미션을 수행하기 위한 데이터를 저장하는 메모리

12. Main MCU : 연산 및 자세제어를 위한 모든 동작 명령을 수행하는 핵심 부품
(컴퓨터의 CPU에 해당 / MCU → Micro controller unit)

13. 4번과 같은 모드 설정 점퍼

2-1 LEE DRONE FC 프로그래밍 방법

LEE DRONE FC는 기본적으로 두 가지의 모드로 사용이 가능하다.

- 일반적인 드론 테스트보드(A testing drone platform) 가능
- 프로그래머블(Programmable) 보드로 활용 가능

사용자는 자신만의 프로그램을 작성해 원하는 방식의 드론 형태로 개발이 가능하며, 이미 개발된 소스(hex)파일을 넣어 구동시킬 수 있다. 이미 개발된 소스는 APM과 같은 mavlink 프로토콜을 가지며 이는 Mission planner와 같은 GCS 툴을 활용하여 연동이 가능하다는 뜻이다.

위의 두 가지 방식을 활용하기 위해 모드를 변환시키는 방법은 아래와 같다.

▌LEE DRONE FC의 앞면과 뒷면▐

보드의 앞면의 J5, J6과 뒷면의 J7, J8은 모드를 변경하기 위한 점퍼로 앞면의 J5, J6을 쇼트(단락)시키면 직접 프로그래밍을 입력 가능하며, 뒷면의 J7, J8을 쇼트(단락)시키면 기본 펌웨어로 테스트가 가능하다.

프로그래밍을 위해 아래 그림처럼 J5, J6번 점퍼를 연결한다.

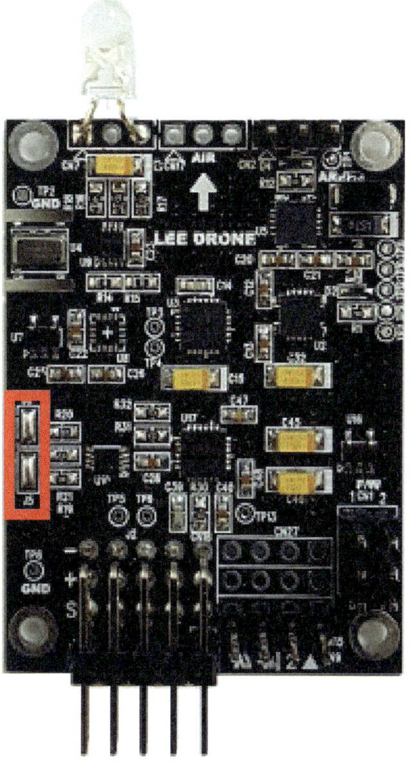

2-2 MCU의 이해

2-2-1 Atmega2560의 주요 특징

드론에 사용되는 MCU는 8bit~32bit까지 다양하다. 대부분 처리 속도를 위해 고사양의 MCU를 선택하는 때도 있지만, 드론의 자세제어 연산을 위해서 8bit는 훌륭한 연산처리를 제공한다.

32bit 코어의 드론은 주로 드론의 임무(mission) 수행을 위해 필요한 영상데이터 분석과 실시간 데이터 획득, 무선 데이터 링크를 통한 클라우드 데이터 서비스 제공, 실시간 이미지 처리를 위해 사용되는 경우가 많으며, 이러한 시스템의 주된 OS로는 임베디드 리눅스 시스템이 사용되는 경우가 대부분이다.

ATmega 2560 주요특징

- 고성능, 저전압의 AVR 8bit 마이크로 콘트롤러

- 진보된 RISC 아키텍쳐 구조
  -. 135개의 명령어 - 대부분 1cycle에서 동작
  -. 32x8로 구성된 범용 레지스터
  -. 16Mhz에서 최대 16MIPS 이상으로 수행
  -. 2사이클 Multipiler 내장

- Flash Memory 와 Data Memory
  -. In-System Self-Programmable 가능한 256K Byte Flash Memory
  (내구성 : 10,000 write/erase)
  -. 별도의 boot program에 대한 Lock Bits
  -. 4K byte의 EEPROM (내구성 : 100,000 write/erase)
  -. 8K byte의 SRAM
  -. 최대 64K byte의 외부 메모리 영역
  -. Programming Lock을 이용한 Software 보호기능

- JTAG (IEEE std. 1149.1) 인터페이스
  -. JTAG Interface를 통한 Programming 작업 및 Debug Support

- 주변장치 특징
  - -. 분리된 prescaler 와 비교모드가 가능한 2개의 8-bit Timer/Counter
  - -. 분리된 prescaler 와 비교모드, Capure 모드가 가능한 4개의 16bit Timer/Counter
  - -. Real Time Counter를 위한 독립된 Oscillator
  - -. 4개의 8bit PWM 채널
  - -. 2~16 bit의 Resolution이 가능한 12개의 PWM 채널
  - -. 출력 비교 Modulator
  - -. 16채널의 10bit ADC
  - -. 4개의 Serial USART
  - -. Master/Slave SPI interface
  - -. Watch Dog 내장 Oscilltor
  - -. Analog 비교기 내장
  - -. 포트 변화에 따른 Interrupt 와 wake-up 기능

- Special 한 기능
  - -. Power-on Reset 및 Brown-out Detection
  - -. 내부 Calibrated Oscillator
  - -. 내,외부 interrupt source
  - -. 6가지 Sleep mode : Idle, ADC Noise Reduction, Power-save, Power-down, Standby, extedend Standby

- I/O와 Package
  - -. 86개의 IO 포트
  - -. 100 핀의 TQFP 타입

- Speed 등급 :
  - -. ATmega2560V : 0~4Mhz (1.8V~5.5V) , 0~8Mhz (2.7V~5.5V)
  - -. ATmeag2560: 0~8Mhz (2.7V ~ 5.5V) , 0~16Mhz (4.5V~5.5V)

2-2-2 Atmega2560 핀의 구성

Figure 1-1. TQFP-pinout ATmega640/1280/2560

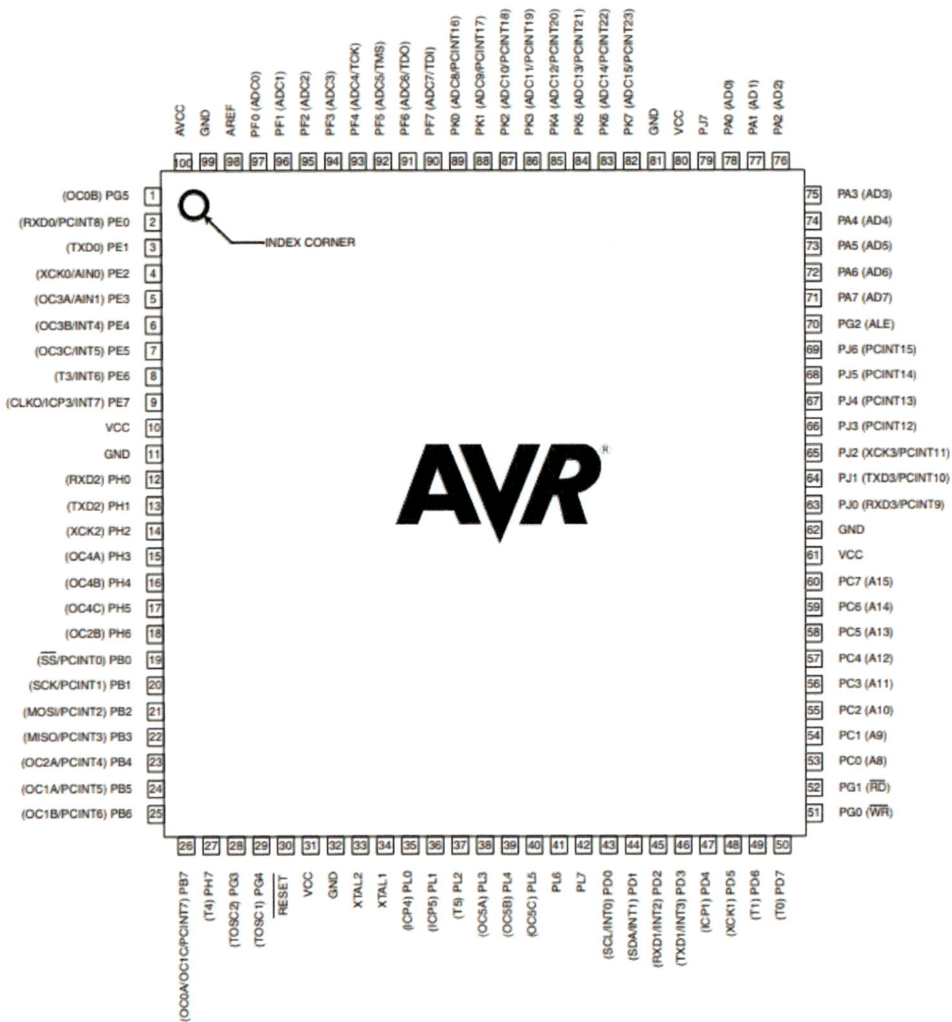

총 핀의 개수는 100핀임을 알 수 있다. 위의 그림은 칩 유형 중에서 TQFP 모양을 설명한 그림이다. TQFP(Thin Quad Flat Pack)으로 제약된 공간에서 설계된 집적회로(Integrated Circuit)을 의미한다.

2-2-3 Atmega2560 블록 다이어그램

Figure 2-1. Block Diagram

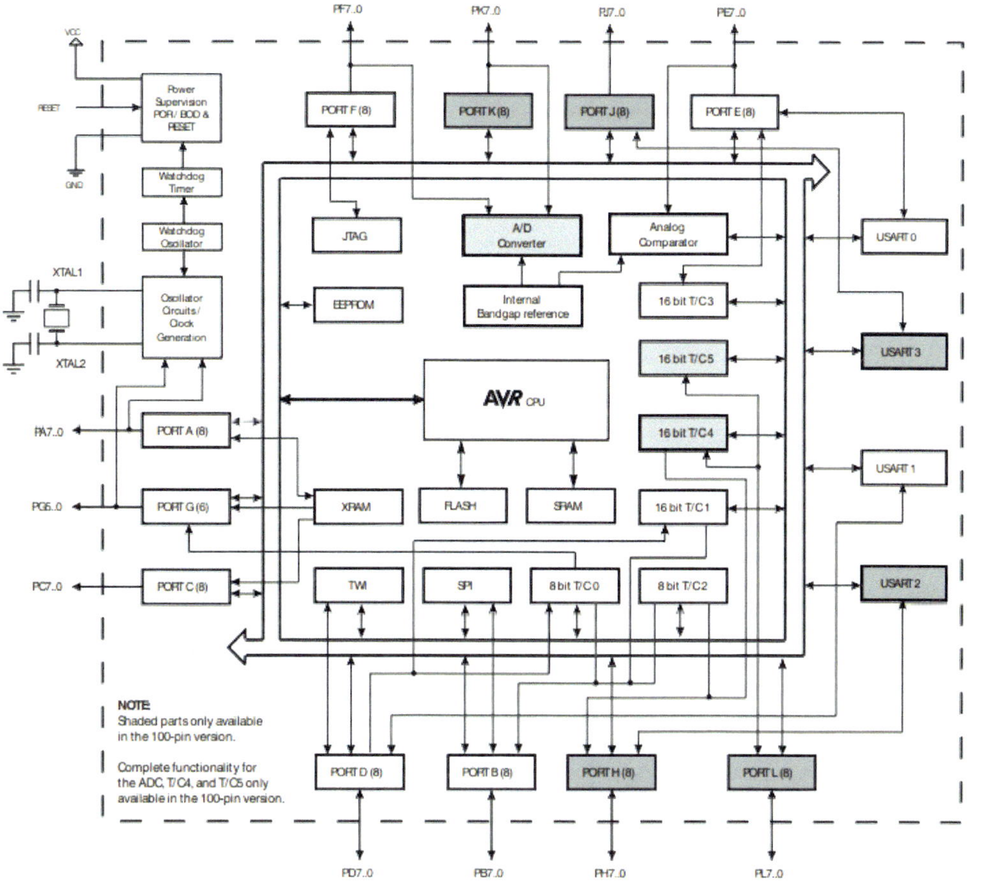

AVR Core는 32개의 레지스터가 있으며, 바로 ALU로 접속이 가능하여 1클럭에 1명령어 수행이 가능하다. 따라서 CISC로 구성된 다른 MCU 보다 훨씬 수행 시간이 빠르다. 또한, 외부 메모리를 연동하지 않아도 on-chip으로 많은 능력을 발휘할 수 있다.

3

LED 제어하기

모든 MCU 제어의 기본은 포트(Port)를 제어하는 것인데, 그중에서 LED 제어가 기본이다. LED (Light Emitting Diode)는 발광 다이오드라고 하며, 순방향 전압을 가했을 경우 발광하는 반도체 소자가 내장된 전계발광 효과를 이용한다.

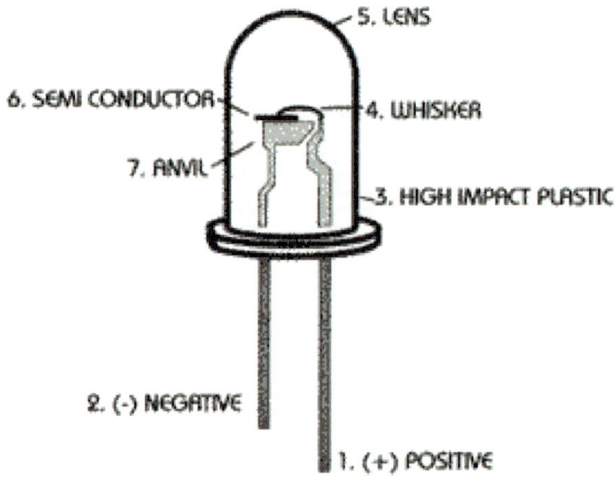

극성(+, -)이 있으며, ~3[V] 전압을 저항과 함께 연결하여 구동시킨다.

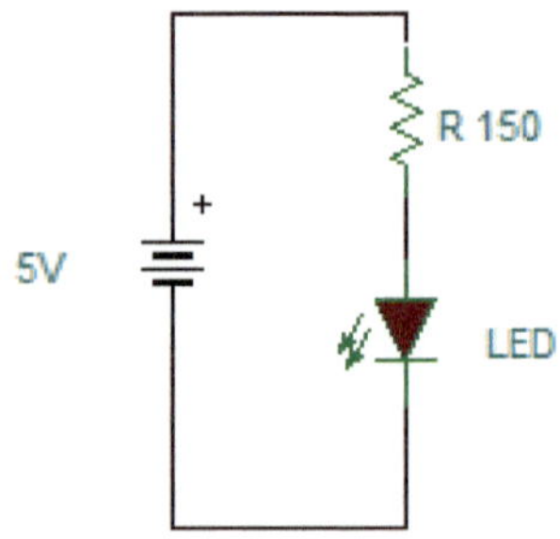

LEE DRONE에 LED를 활용하여 구동시켜 보자.

LEE DRONE FC에 연결된 LED는 포트 PORTA.5에 연결돼 있다. 물론, PORTA.3에 연결하는 것도 가능하다.

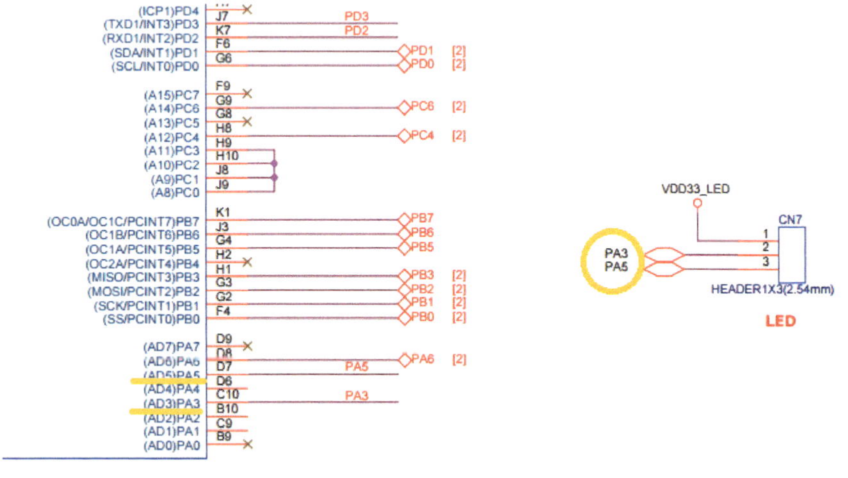

위의 회로도에서 PORTA의 3번 핀과 LED가 연결된 것을 알 수 있다. LED의 연결은 Active high, Active low의 두 가지 방식으로 연결이 가능하며, LED의 보호를 위해 옴의 법칙에 따른 저항을 연결하는 것이 바람직하다.

■ **옴의 법칙(Ohm’ s Law)**

회로에 흐르는 전류의 세기는 전압에 비례하고, 저항에 반비례한다. 전류의 세기를 I, 전압을 V, 전기 저항을 R이라고 할 때 이들 사이의 관계를 다음의 식으로 나타낼 수 있는데, 이를 ‘옴의 법칙’이라고 한다.

전류(A) = 전압(V) / 저항(Ω)

전압(V) = 전류(A) × 저항(Ω)　　(V = I * R)

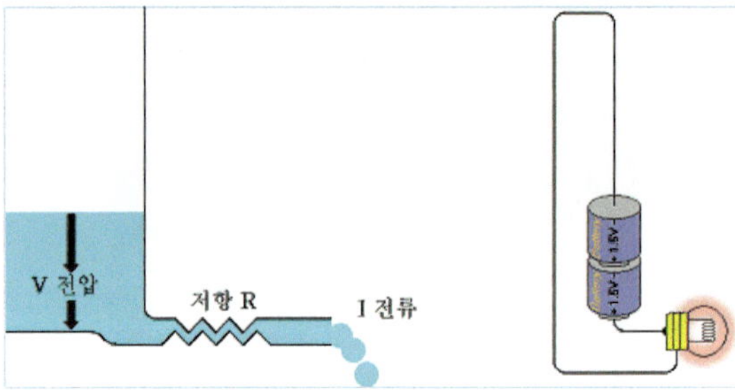

3-1 코드비전 프로그래밍(led 제어를 위해)

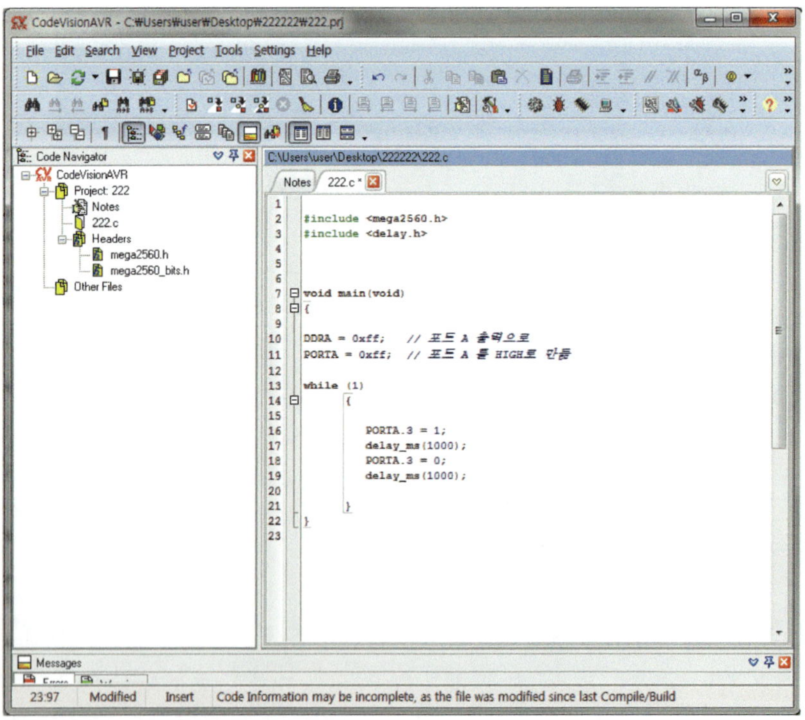

위와 같이 프로그램한다. PORT A에 연결된 LED를 1초 간격으로 ON/OFF 시키는 예제이다. Build All project files를 눌러 컴파일한다. 이때, 아래와 같은 에러가 나타나면 틀린 부분을 수정해야 한다.

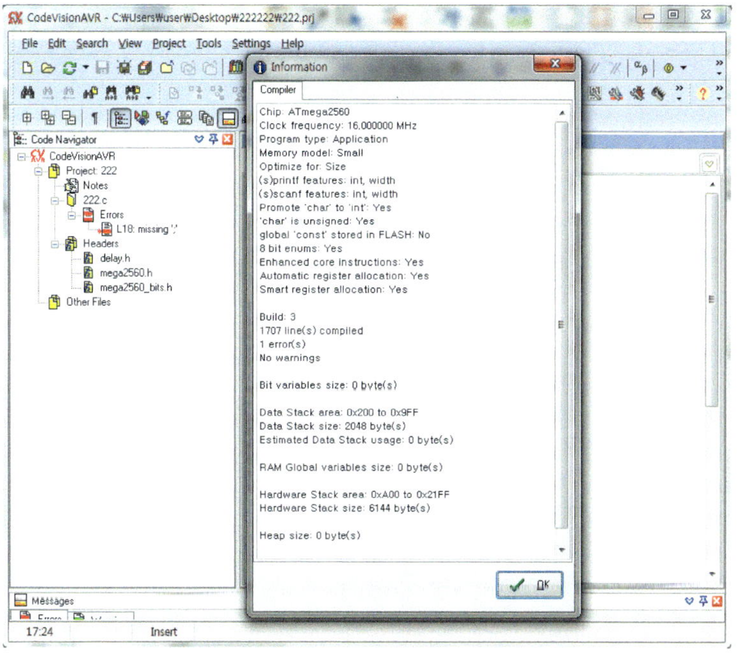

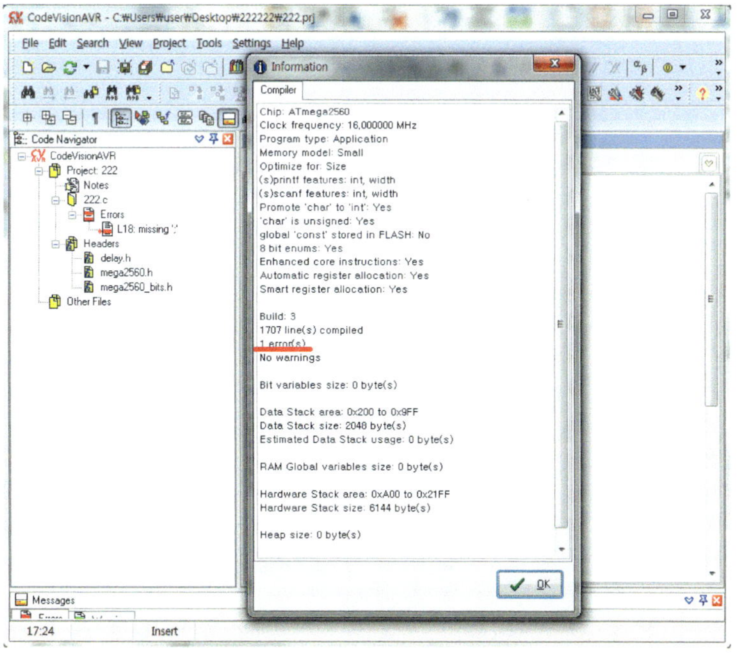

빨간 화살표 부분이 틀린 부분이다. 추가해야 한다.

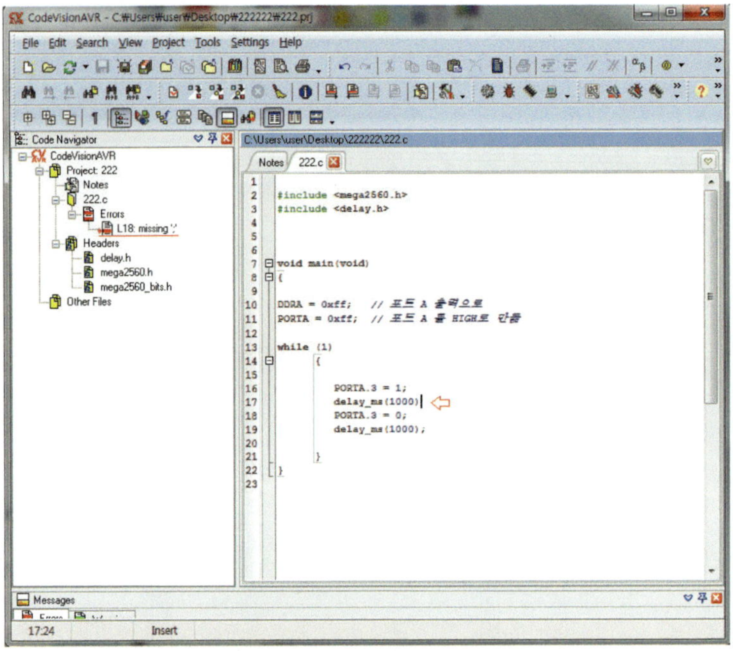

다시 Build All project files를 눌러 컴파일한다.

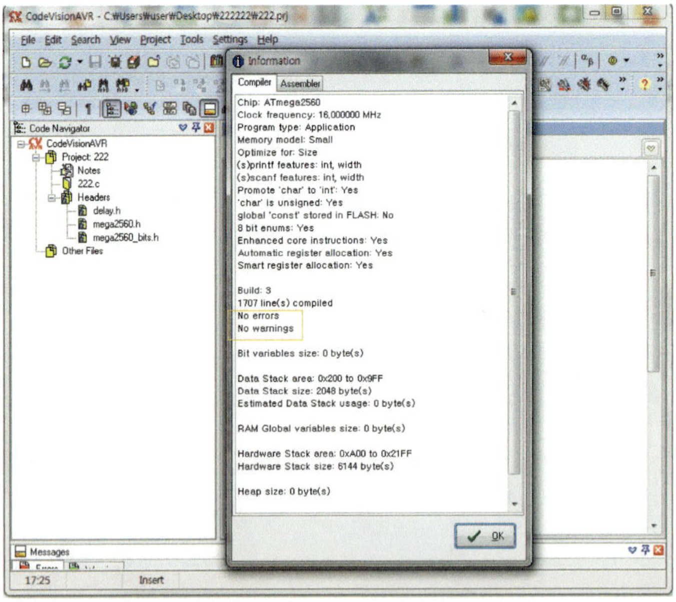

3-2 소스 설명

DDRx 는 방향레지스터로 '1'이면 출력, '0' 이면 포트를 입력으로 사용할 수 있다.
PORTx 는 Core 내부의 풀업을 이용하여, 핀의 레벨을 정할 수 있으며, '1' 이면, High 레벨 '0' 이면, Low 레벨로 정할 수 있다.

Port G Data Register – PORTG

Bit	7	6	5	4	3	2	1	0	
	–	–	PORTG5	PORTG4	PORTG3	PORTG2	PORTG1	PORTG0	PORTG
Read/Write	R	R	R/W	R/W	R/W	R/W	R/W	R/W	
Initial Value	0	0	0	0	0	0	0	0	

Port G Data Direction Register – DDRG

Bit	7	6	5	4	3	2	1	0	
	–	–	DDG5	DDG4	DDG3	DDG2	DDG1	DDG0	DDRG
Read/Write	R	R	R/W	R/W	R/W	R/W	R/W	R/W	
Initial Value	0	0	0	0	0	0	0	0	

DDRA = 0xff ; 로 설정하는 경우 PORTA는 출력 방향
PORTA = 0xff ; 로 설정하는 경우 PORTA의 상태는 High 레벨로 만든 것
LED의 개수가 늘어날 때 아래와 같이 프로그래밍 할 수 있다.

```
int  i = 0 ;    // 지역 변수 선언
while(1){

        PORTA = 0xff;    // LED 전체 OFF

         for(i =0; I < 9 ; i++){

            delay_ms(100);  // 대략 0.1초 지연시간
            PORTA = (PORTA << 1); // 1bit shift
         }
    }
```

for 문을 이용해 (i 값 변수 선언하고) i를 증가시키고 1bit씩 오른쪽으로 shift시키는 소스이다.

4

수신기로부터 데이터 읽어오기(PPM)

본 장에서는 PPM 신호를 이해하고 캡처(Capture)하는 방법을 학습한다.

4-1 PPM 신호란 무엇인가?

PPM(Pulse position modulation)으로 펄스의 위치를 변조시켜 전송하는 방식을 의미한다. 즉 아날로그 신호에 해당하며 각 PWM 파형을 순차적으로 전송한다.

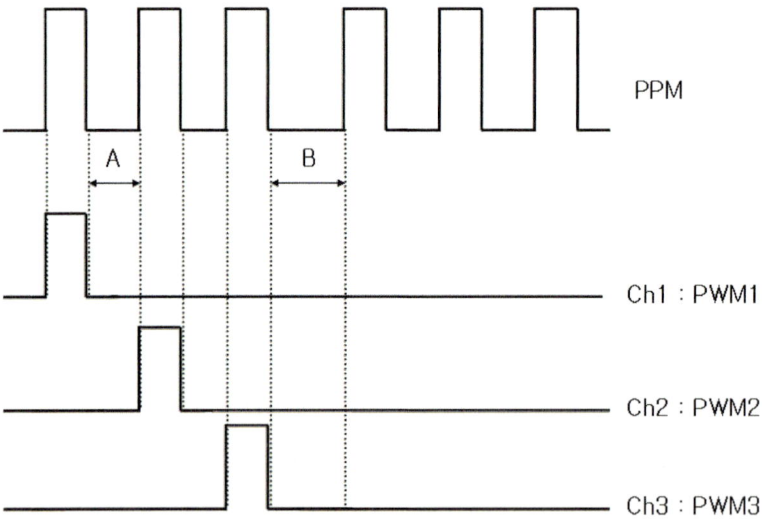

위의 그림은 PPM 신호와 수신기의 각 채널(Ch)별 신호를 쉽게 보여준다. 각 채널은 하나의 독립된 PWM 신호로 PPM 신호에 함께 실려 전송되는 방식으로 일반적인 R/C 수신기의 데이터에 활용한다. 그림에서 A와 B 지점의 주기가 다른 점은 실제 조종기의 스로틀 레버는 0에서부터 데이터가 시작이므로 다른 채널과는 중앙(센터값)값이 다르다.

위의 그림은 조종기 스틱의 중립의 값을 표시한 것이며, 4번 이후의 채널은 기능키(토글스위치 따위)이므로 조종 신호에 영향을 주는 것은 아니다.

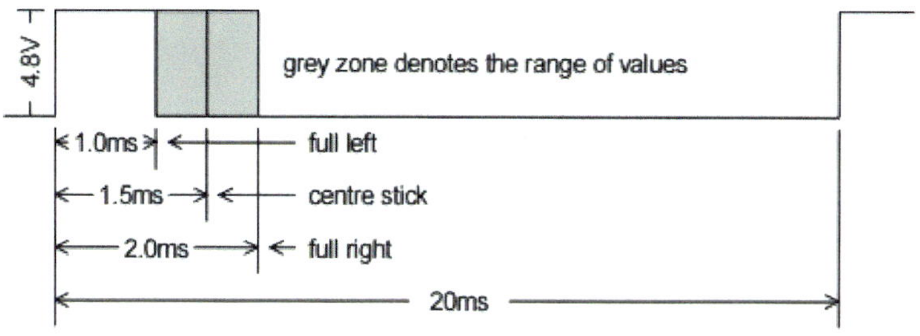

위의 그림은 PPM 신호의 통상적인 주기인 20ms의 범위에서의 값을 보여주는데 조종기의 중앙값이 1.5ms이며 나머지는 최소/최댓값을 의미한다. PPM 신호는 조종기 제조사마다 다르므로 해당 수신기의 데이터 시트를 참조하여 그 값을 미리 습득해야 한다. PWM(Pulse width modulation)은 펄스의 폭으로 시간을 측정하여 신호의 on/off 듀티(duty)의 변화량으로 주기를 결정하게 된다.

4-2 수신기의 PPM 신호

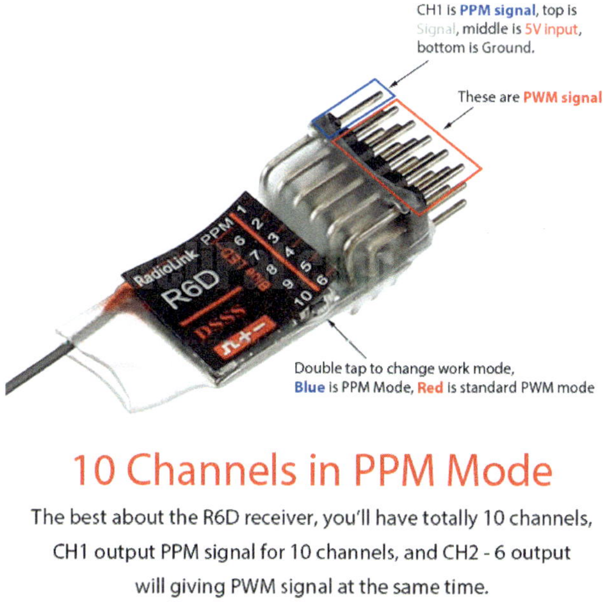

위의 수신기를 예를 들면, 조종기의 신호가 수신되는 부분이 오른편의 각 커넥터(헤더핀)이다. 각 핀은 이미 기능이 정해져 있으며, 파란색 부분이 PPM 신호를 받을 수 있는 핀이다. PPM 기능을 사용하는 수신기 중에서 PPM 기능만 지원되고 나머지 핀들은 동작하지 않는 경우도 있다. 따라서, 위의 PPM 신호 선 3핀으로 설명한다.

RC_신호선은 = 3선(흰색, 빨강, 검정 또는 주황, 빨강, 갈색)이 대부분 RC_신호선의 흰색 또는 주황색 선이 Signal(주 신호선)이며, 빨강과 검정은 +5[v]와 GND(-) 이다.

흰색이 신호선이며, 나머지는 5V, GND 이다.

주황색이 신호선이며, 나머지는 5V, GND 이다.

4-3 수신기의 PPM 신호선 연결

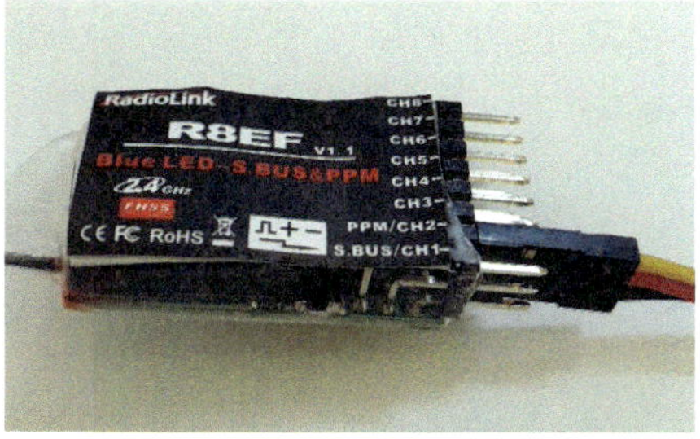

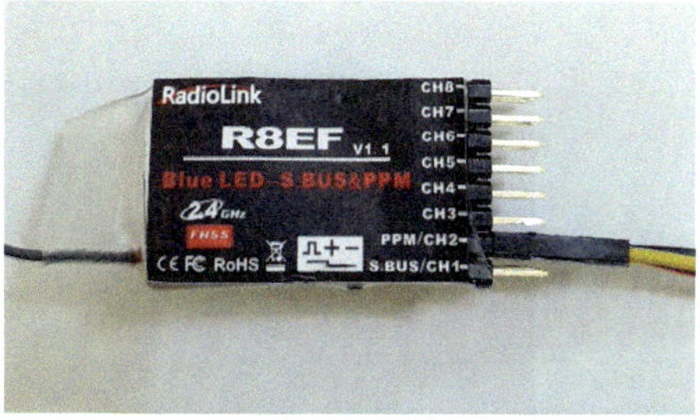

위의 그림처럼 수신기의 PPM 단자에 커넥터를 연결하고 LEE DRONE FC의 PPM 단자에 연결한다. 수신기는 위쪽이 신호선이며, LEE DRONE FC는 위쪽이 GND이다. 이제부터 프로그램을 작성하고 라이팅 장비를 연결해보자.

4-4 수신기 신호 프로그래밍

테스트 프로젝트를 생성하고 파일명을 'ppm_test'로 한다. 아래의 소스 코드를 입력한다.

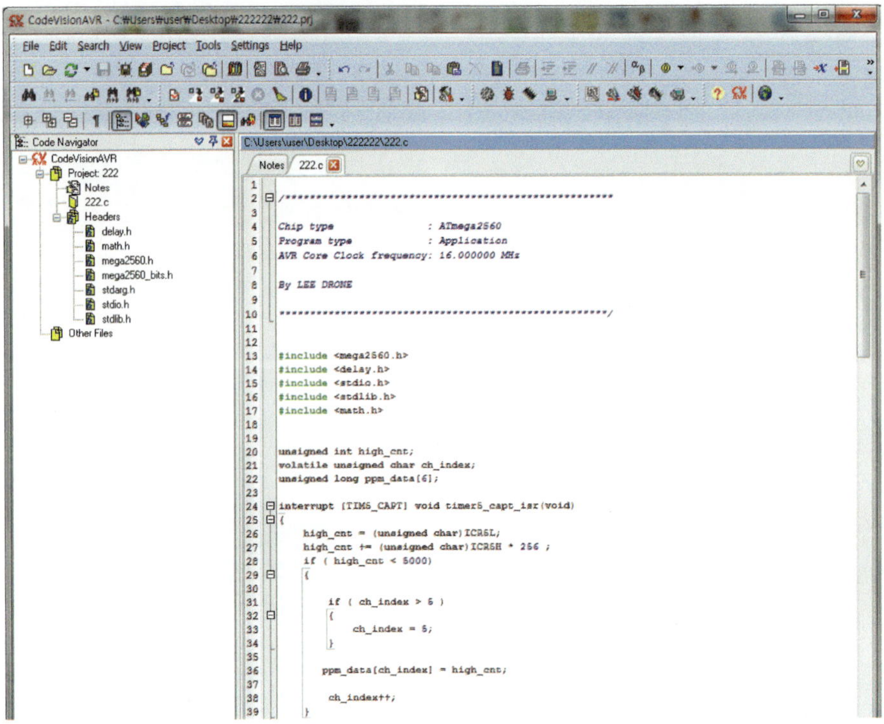

```
/*****************************************************
  Chip type                    : ATmega2560
  Program type                 : Application
  AVR Core Clock frequency: 16.000000 MHz
  By LEE DRONE
  → ppm 수신기 데이터 캡처
*****************************************************/

#include 〈mega2560.h〉
#include 〈delay.h〉
#include 〈stdio.h〉
#include 〈stdlib.h〉
#include 〈math.h〉

unsigned int high_cnt;
volatile unsigned char ch_index;
unsigned long ppm_data[6];

interrupt [TIM5_CAPT] void timer5_capt_isr(void)
{
    high_cnt = (unsigned char)ICR5L;
    high_cnt += (unsigned char)ICR5H * 256 ;
    if ( high_cnt 〈 5000)
    {

        if ( ch_index 〉 5 )
        {
            ch index = 5;
        }

       ppm_data[ch_index] = high_cnt;

        ch_index++;
    }
```

```
        else
        {
            ch_index = 0;
        }
        TCNT5H = 0;
        TCNT5L = 0;
        TIFR5 = ( 1 << ICF5 );
}
void main(void)
{

DDRA = 0xff;    // 포트 A 출력으로
PORTA = 0xff;  // 포트 A 를 HIGH로 만듦
// Timer/Counter 5
TCCR5A = 0x00; // none
TCCR5B = ( 1 << ICES5 ) | ( 1 << CS51);
// Clear timer 5
TCNT5H = 0x00;
TCNT5L = 0x00;
ICR5H=0x00;
ICR5L=0x00;
OCR5AH=0x00;
OCR5AL=0x00;
OCR5BH=0x00;
OCR5BL=0x00;
OCR5CH=0x00;
OCR5CL=0x00;

TIMSK5 = ( 1 << ICIE5 );
```

```
// USART0 Baud Rate: 9600
UCSR0A=0x00;
UCSR0B=0xD8;
UCSR0C=0x06;
UBRR0H=0x00;
UBRR0L=0x67;

printf("TEST₩n₩r");
delay_ms(100);

while (1)
        {



            printf("%d₩n₩r",ppm_data[1]);
            delay_ms(200);

        }
}
```

위의 소스는 수신기 PPM 단자에서 획득한 PPM 신호를 캡처하는 소스이다. 헤더파일 아래에 전역 변수 unsigned int high_cnt;

volatile unsigned char ch_index;

unsigned long ppm_data[6];

를 선언했다. 위의 전역 변수 선언에서 변수형이 잘못 선언될 경우 출력 데이터가 엉망으로 출력되므로 주의해야 한다. 또한, 각 변수의 타입을 바꿔가면서 테스트해 보길 권장한다.

4-5 수신기 신호 UART로 출력하기

본 장에서는 통신방식 중에서 UART를 사용하여 PC에 출력하는 방법을 학습한다.

4-5-1 UART 통신이란?

UART(Universal asynchronous receiver/transmitter)의 약자로 범용 비동기화 송수신기를 의미한다. 병렬데이터의 형태를 직렬 방식으로 전환해서 데이터를 전송하는 것을 의미한다. 즉, PC와 LEE DRONE 보드 간의 통신을 통해 데이터를 출력하는 것을 말한다.

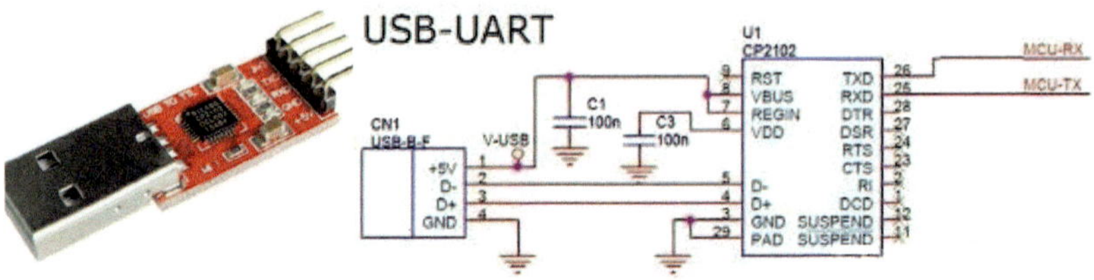

USB TO UART(TTL)툴(Tool)

PC와 MCU(LEE DRONE FC 등의 타겟 보드) 간 통신을 위해서 필요한 장치이며, 크로스 방식으로 상호 연결이 되어야 한다. 즉, PC의 TX → MCU의 Rx로 연결되어야 한다.

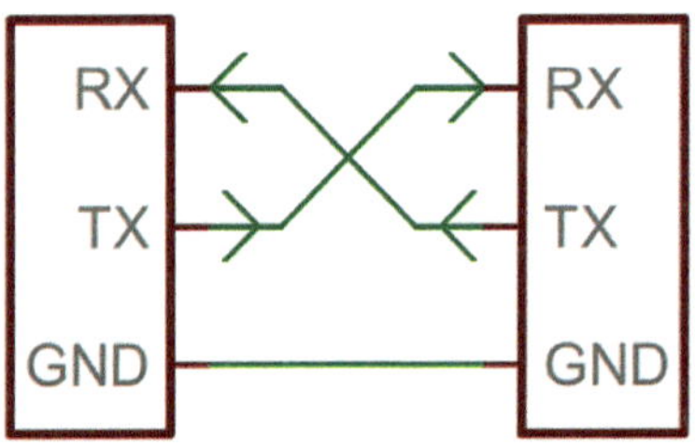

4-5-2 USB TO UART 연결

USB 전원을 사용하려면 5[V]를 연결해도 되며, 보드의 5V와 중복되지 않도록 하나의 5[V] 전원만 인가해야 한다.

PC의 USB에 연결한다. 이때 타겟 보드에 5[V]가 공급되고 있다면, 별도로 USB의 5[V]를 연결하지 않아도 된다.

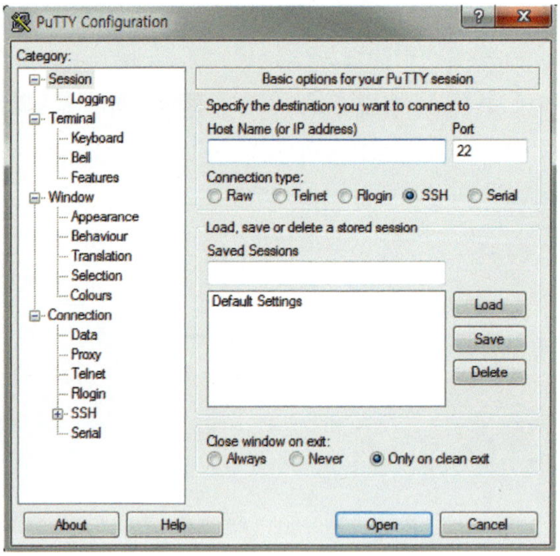

출력되는 값을 보기 위해서는 코드비전에서도 가능하지만 주로 PUTTY라는 프로그램을 사용한다. PUTTY를 내려 받아 실행하면 그림과 같은 화면이 뜬다.

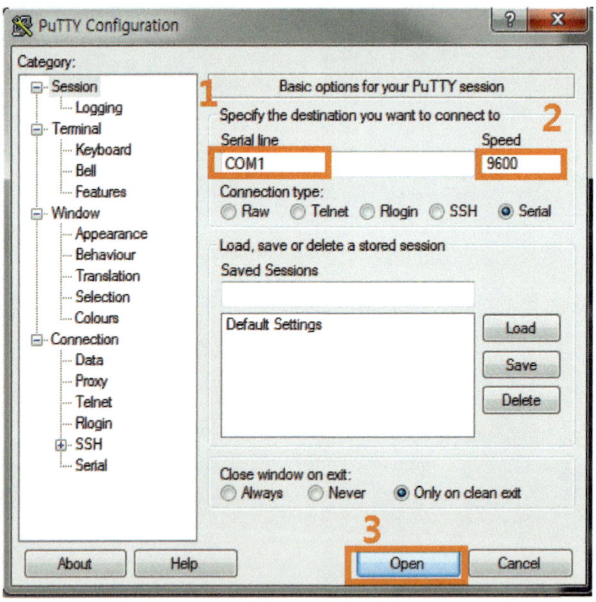

1번 : USB 장치를 인식한 포트(PORT)를 적어 준다.

2번 : 통신 속도를 입력한다. LEE DRONE FC의 통신 속도는 9600 bps이므로, 똑같이 '9600'이라고 입력한다.(중요!)

3번 : Open을 누르면 출력값이 PC 화면에 표시된다.

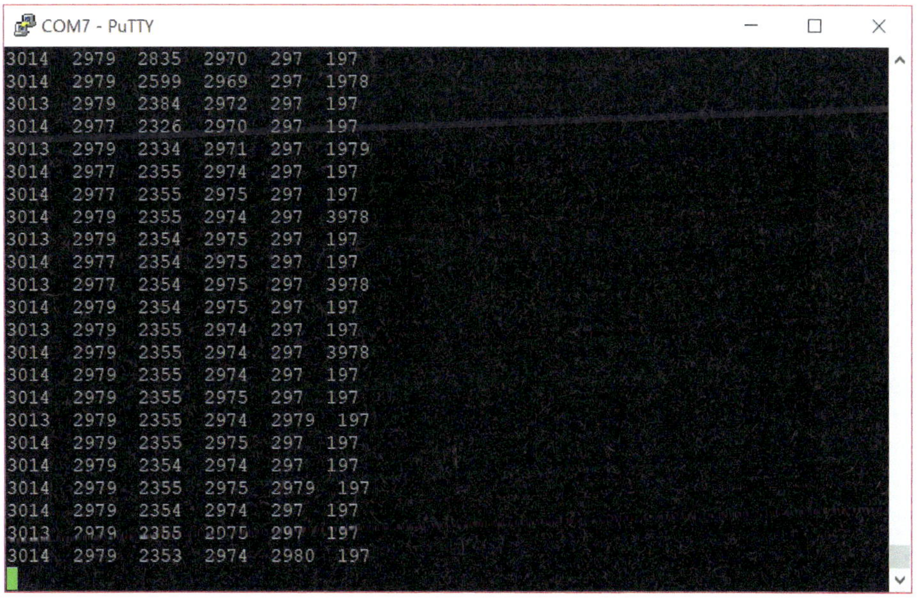

▌수신기 PPM 값 PC 화면 출력▐

수신기값을 읽어 PC로 출력한 사진이다. 3번 스로틀값이 다른 채널에 비해 작은 이유는 스로틀 레버가 하단부터 시작되기 때문이다.

5

센서값 출력하기

5-1 자세제어를 위한 센서

자이로 센서(Gyro sensor)는 단위 시간당 회전량을 표시하는 각속도를 검출하기 위해 사용하는 센서이다. 각속도는 계측하는 방향에 반응하여, Roll, Pitch, Yaw의 틀어짐을 계산하는 데 도움이 된다.

가속도 센서(Acceleration sensor)는 물체의 움직임(속도나 변화량)을 측정하는 센서의 총칭이며, 운동 상태를 상세히 감지할 수 있는 센서이다.

이 두 가지 센서를 융합하여 최종적인 앵글을 유추해 내는 것이 드론 자세제어 보정의 목적이다.

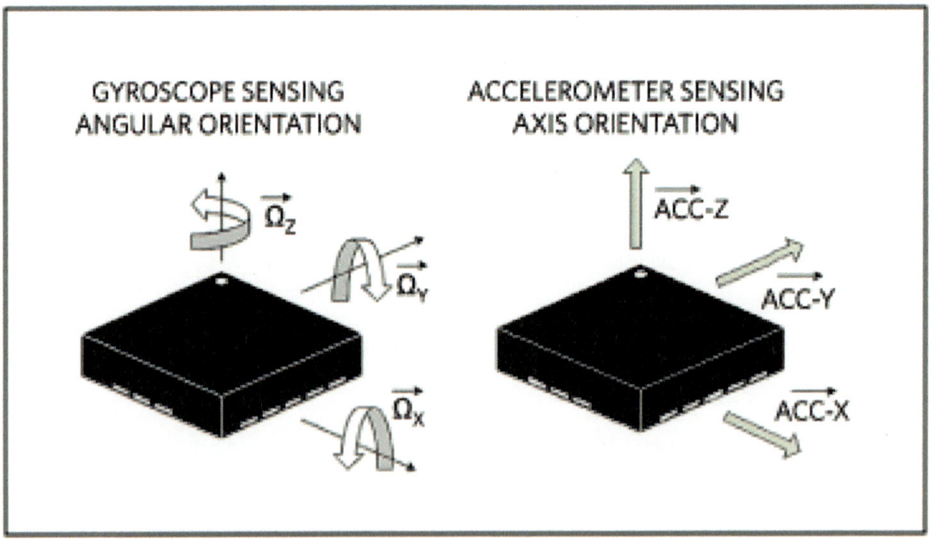

이는 모두 MEMS(Micro Electro Mechanical Systems)기술의 발전으로 가능했으며, 나노머신, 마이크로머신, MST(Micro Systems Technology)라고도 불린다.

5-2 센서의 축(axis)의 이해

자이로 센서의 경우 X, Y, Z(Yawing) 가속도 센서의 경우 X1, Y1, Z1의 값을 가질 수 있는데, 드론에서 가속도의 Z축은 주로 Height 변화값을 감지하므로 고도의 경우 기압 센서(압력센서)를 활용하여 더욱 정밀한 제어를 해야 한다.

5-3 드론에서 사용하는 자이로, 가속도 센서

가장 흔하게 볼 수 있는 Invensense(社)의 mems 센서이다. 가속도와 자이로 센서가 함께 내장된 칩으로 MPU6000과 최근 드론에 가장 많이 사용되고 있는 센서이다.

MPU6000과 MPU6050은 크게 특성이 다르지는 않지만 지원하는 통신방식이 조금 다르다. 아래의 표를 보면 쉽게 알 수 있다.

Primary Differences between MPU-6000 and MPU-6050

Part / Item	MPU-6000	MPU-6050
VDD	2.375V-3.46V	2.375V-3.46V
VLOGIC	n/a	1.71V to VDD
Serial Interfaces Supported	I^2C, SPI	I^2C
Pin 8	/CS	VLOGIC
Pin 9	AD0/SDO	AD0
Pin 23	SCL/SCLK	SCL
Pin 24	SDA/SDI	SDA

위의 표와 같이 MPU6050은 시리얼 인터페이스가 I^2C만 지원한다. 이런 경우, 개발자는 센서를 선택할 경우 다른 통신방식을 통해 상호 간의 데이터의 충돌을 막는 대안을 찾게 된다.

LEE DRONE FC의 경우 위 두 가지 센서를 모두 탑재했는데, 그 이유는 프로그램 소스 때문이다. 비교적 오픈된 내용이 많은 MPU6050을 주 센서로 활용하기 위해서 두 가지의 센서를 모두 장착했다.

U3가 MPU6000, U17이 MPU6050의 모습이다.
두 센서 모두 외형은 비슷하지만, 칩 내부에 ISC, SPI 방식의 지원 여부로 확인이 가능하다.

5-4 센서값 모니터링 프로그래밍

센서값 소스를 아래와 같이 작성한다.

```
/*****************************************************

Chip type               : ATmega2560
Program type            : Application
AVR Core Clock frequency: 16.000000 MHz

By LEE DRONE

*****************************************************/


#include <mega2560.h>
#include <delay.h>
```

```
#include <stdio.h>
#include <stdlib.h>
#include <math.h>


#define MPU6050                   0xD0
int SUMX = 0, SUMY = 0, SUMZ = 0, SUM_AX = 0, SUM_AY = 0;
//+++++++++++++++++++++++++++++++++++++++++++++++++
//   SENSOR VALUE → FROM MPU-6050
//+++++++++++++++++++++++++++++++++++++++++++++++++
byte MPU6050_read(byte addr)
{
  byte dat;

    TWCR = 0xa4;
    while(((TWCR & 0x80) == 0x00 || ((TWSR & 0xf8)!=0x08)));
    TWDR=0xd0;
    TWCR=0x84;


    while(((TWCR & 0x80) == 0x00 || ((TWSR & 0xf8)!=0x18)));
    TWDR=addr;
    TWCR=0x84;

    while(((TWCR & 0x80) == 0x00 || ((TWSR & 0xf8)!=0x28)));
    TWCR=0xa4;

    while(((TWCR & 0x80) == 0x00 || ((TWSR & 0xf8)!=0x10)));
    TWDR=0xd1;    // AD+R
    TWCR=0x84;

    while(((TWCR & 0x80) == 0x00 || ((TWSR & 0xf8)!=0x40)));
    TWCR=0x84;
```

```
    while(((TWCR & 0x80) == 0x00 || ((TWSR & 0xf8)!=0x58)));
    dat = TWDR;
    TWCR = 0x94;

    return dat;
}


void MPU6050_write(byte addr, byte dat)
{


    TWCR = 0xa4;
    while(((TWCR & 0x80) == 0x00 || ((TWSR & 0xf8)!=0x08)));
    TWDR=0xd0;
    TWCR=0x84;

    while(((TWCR & 0x80) == 0x00 || ((TWSR & 0xf8)!=0x18)));
    TWDR=addr;
    TWCR=0x84;

    while(((TWCR & 0x80) == 0x00 || ((TWSR & 0xf8)!=0x28)));
    TWDR=dat;
    TWCR=0x84;

    while(((TWCR & 0x80) == 0x00 || ((TWSR & 0xf8)!=0x28)));
    TWCR = 0x94;
    delay_us(50);
}

void main(void)
{

DDRA = 0xff;   // 포트 A 출력으로
PORTA = 0xff;  // 포트 A 를 HIGH로 만듦
```

```
// Timer/Counter 5
TCCR5A = 0x00; // none
TCCR5B = ( 1 〈〈 ICES5 ) | ( 1 〈〈 CS51);
// Clear timer 5
TCNT5H = 0x00;
TCNT5L = 0x00;
ICR5H=0x00;
ICR5L=0x00;
OCR5AH=0x00;
OCR5AL=0x00;
OCR5BH=0x00;
OCR5BL=0x00;
OCR5CH=0x00;
OCR5CL=0x00;

TIMSK5 = ( 1 〈〈 ICIE5 );

// USART0 Baud Rate: 9600
UCSR0A=0x00;
UCSR0B=0xD8;
UCSR0C=0x06;
UBRR0H=0x00;
UBRR0L=0x67;

MPU6050_write(0x6b,0x00);
MPU6050_write(0x6c,0x00);
MPU6050_write(0x1b,0x10);
MPU6050_write(0x1c,0x10);

printf("TEST₩n₩r");
delay_ms(100);

while (1)
      {
```

```
 //*****************************************************
// gyro
//*****************************************************
dat1 = MPU6050_read(0x43);
dat2 = MPU6050_read(0x44);
SUMX = ((short int)dat1)〈〈 8| dat2;  //gx
SUMX = SUMX*0.1;
if(SUMX 〉 100)SUMX = 100;
if(SUMX 〈 -100)SUMX = -100;

dat3 = MPU6050_read(0x45);
dat4 = MPU6050_read(0x46);
SUMY = ((short int)dat3)〈〈 8| dat4;  //gy
SUMY = SUMY*0.1;
if(SUMY 〉 100)SUMY = 100;
if(SUMY 〈 -100)SUMY = -100;

dat5 = MPU6050_read(0x47);
dat6 = MPU6050_read(0x48);
SUMZ = ((short int)dat5)〈〈 8| dat6;  //gz
SUMZ = SUMZ*0.1;
if(SUMZ 〉 100)SUMZ = 100;
if(SUMZ 〈 -100)SUMZ = -100;
// printf("%d        %d₩n₩r",SUMY,SUMZ);
// delay_ms(100);

//*****************************************************
// acc
//*****************************************************

dat7 = MPU6050_read(0x3b);
dat8 = MPU6050_read(0x3c);
SUM_AX = ((short int)dat7)〈〈 8| dat8;    //ax
SUM_AX = SUM_AX*0.1;
```

```
        if(SUM_AX 〉 100)SUM_AX = 100;
        if(SUM_AX 〈 -100)SUM_AX = -100;

        dat9 = MPU6050_read(0x3d);
        dat10 = MPU6050_read(0x3e);
        SUM_AY = ((short int)dat9)〈〈 8| dat10;   //ay
        SUM_AY = SUM_AY*0.1;
        if(SUM_AY 〉 100)SUM_AY = 100;
        if(SUM_AY 〈 -100)SUM_AY = -100;

         printf(" %d₩n₩r",SUMX);
         delay_ms(200);

    }
}
```

5-5 센서값 PUTTY로 출력하기

위에서 실행했던 수신기 데이터 모니터링과 같은 방법으로 출력한다.

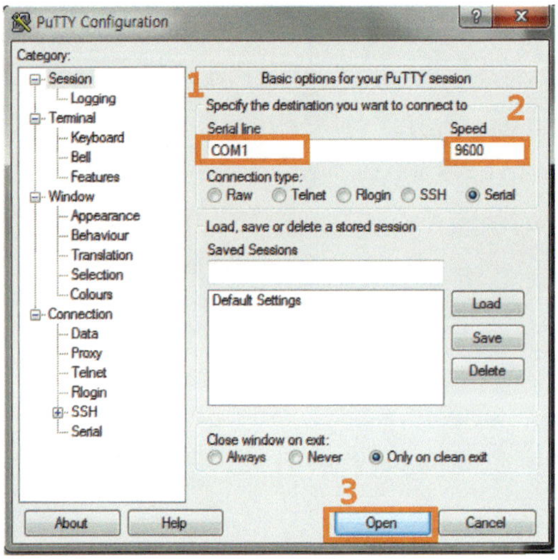

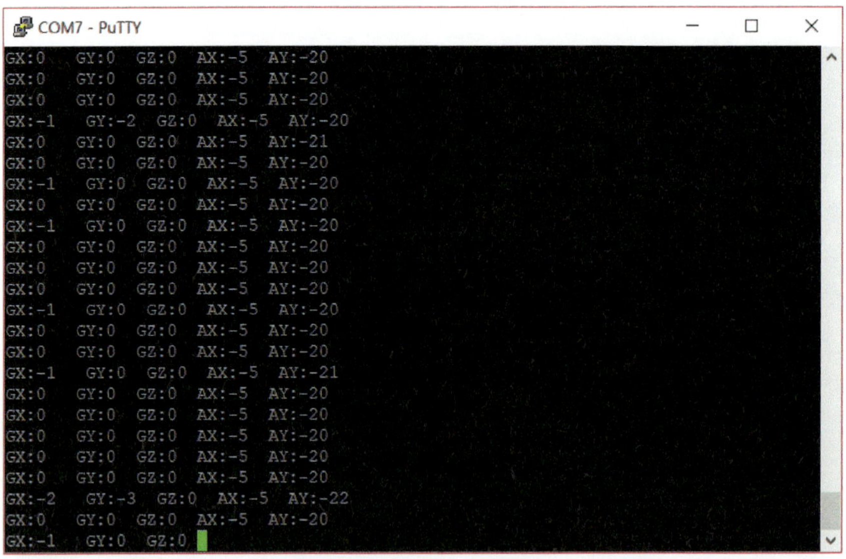

▌MPU6050 센서값 출력▐

총 6가지의 센서값 중에서 필요한 값을 PC 화면으로 출력할 수 있다. 중요한 포인트는 각 센서의 특성을 이해하기 위해서는 센서의 각 축(AXIS)을 하나씩 출력해서 확인하는 방법이다. 위의 사진처럼 많이 출력되면 어떤 축이 어떤 값인지 전혀 이해할 수 없다.

6

모터 제어하기

본 장에서는 모터를 이해하고 모터를 제어하기 위한 기본 학습을 한다.

6-1 모터 제어를 위한 사전 이해

6-1-1 DC 모터란?

DC 모터는 Direct current motor로 직류를 직접 연결해 정류자를 구동시키는 방식의 모터를 총칭한다.

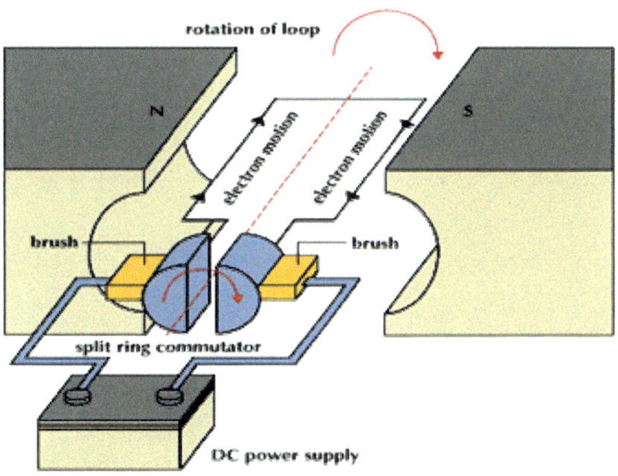

6-1-2 BLDC란?

BLDC(Brushless DC)모터는 브러시가 없는 모터로 반영구적으로 사용할 수 있는 모터의 총칭이다.

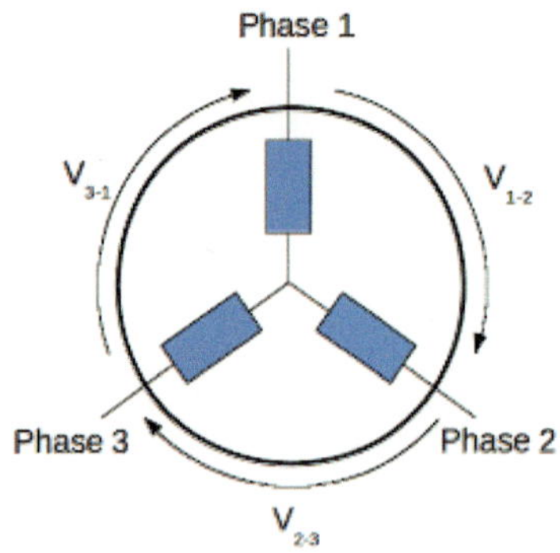

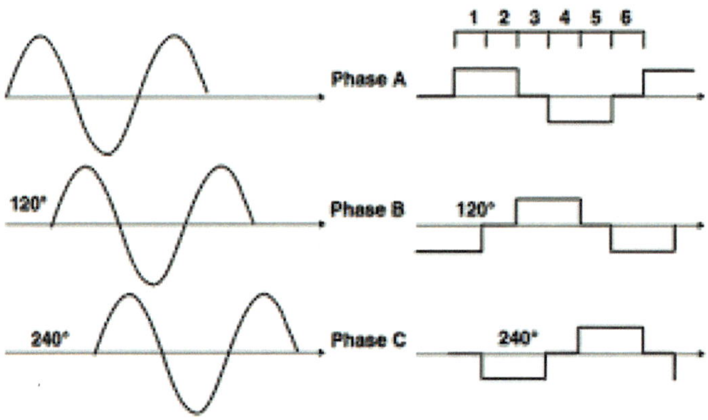

그림처럼 하나의 각각의 위상(Phase)을 가지는 세 가지의 신호를 연속으로 연동하여 스테이터를 회전시키게 된다.

드론에서 많이 사용되는 BLDC 모터의 모습이다. DC 모터와 다르게 별도로 +(플러스), -(마이너스)가 존재하지 않고 모두 주기가 다른 상(phase)을 신호로 입력한다.

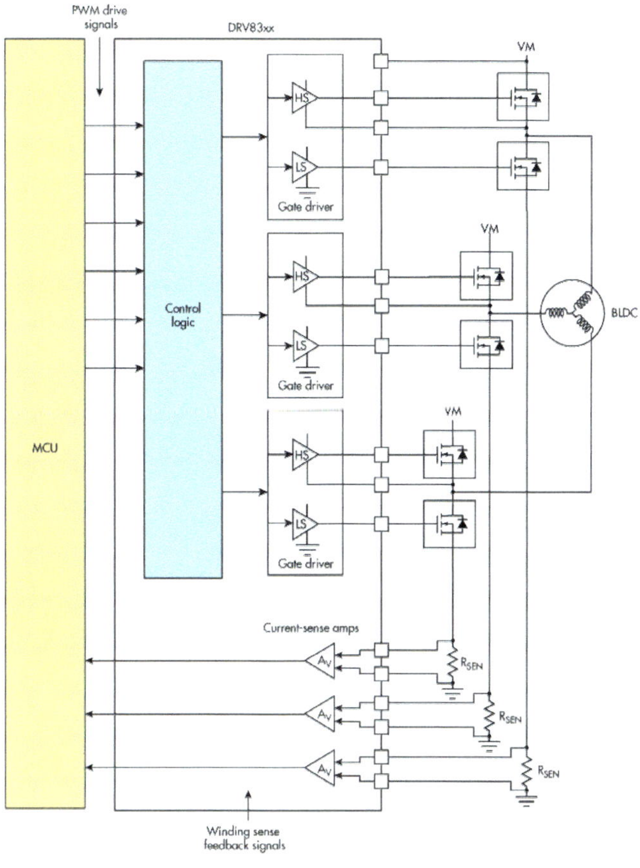

BLDC 드라이버의 경우 별도의 구동회로가 필요하며 가장 많이 사용되는 부품소자는 FET(Field Effect Transistor)이다. 드라이버는 모터의 특성과 무관하지 않으며 변속기의 특성이 모터의 특성과 잘 일치할 경우, 효율이 우수한 모터 구동 시스템이 된다. 특히 변속기는 빠른 Ratio와 응답성을 갖춰야 하며, 스위칭 rate도 빠른 제품이 모터의 속도제어에 우월한 반응을 보인다.

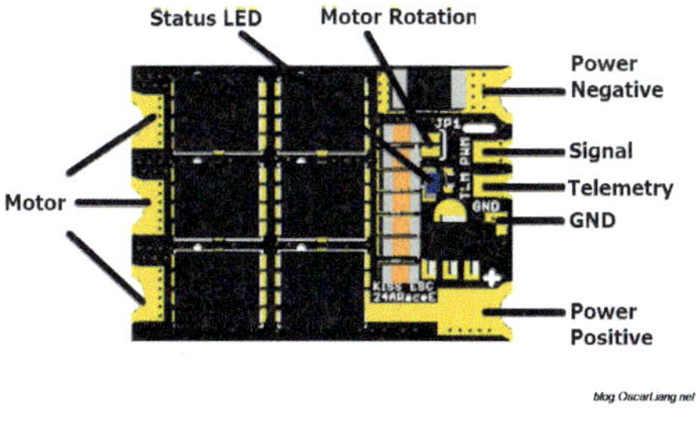

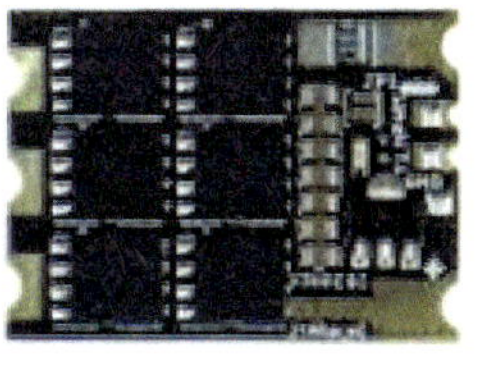

왼쪽의 검정 네모 부분(6개)이 FET 소자이다.

위와 같이 모터는 변속기(ESC : Electric Speed Controller)와 한 조가 되어 움직이며, 외부로부터 충격이 가해지면 모터와 함께 가장 빈번하게 소손되거나 망가지게 되는 부품 중 하나이다.

FC에서는 ESC를 구동시키기 위해 PWM(Pulse Width Modulation) 방식의 신호를 입력해줘야 하며, 이는 FC의 자세제어 갱신속도와 주기와 밀접한 관계가 있으며 드론의 성능에 영향을 끼칠 수 있다.

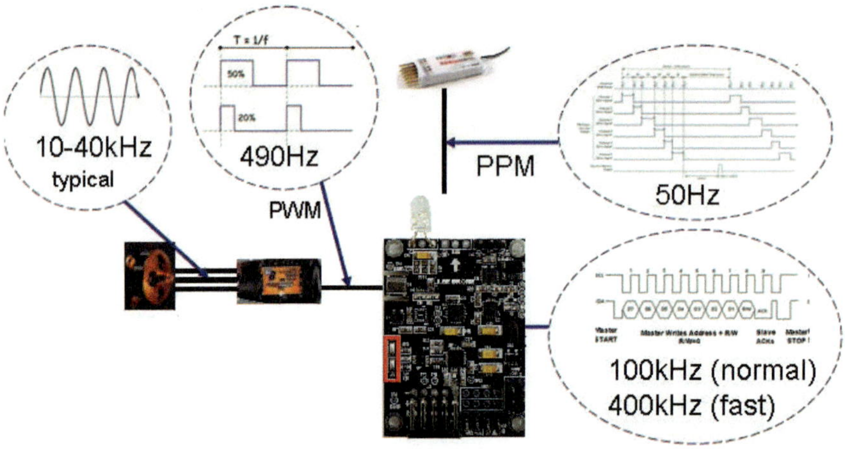

6-2 모터 제어 신호 만들기

아래와 같이 소스를 작성한다.

```
/*****************************************************

Chip type               : ATmega2560
Program type            : Application
AVR Core Clock frequency: 16.000000 MHz

By LEE DRONE

*****************************************************/


#include <mega2560.h>
#include <delay.h>
#include <stdio.h>
#include <stdlib.h>
#include <math.h>

void main(void)
{

DDRA = 0xff;   // 포트 A 출력으로
PORTA = 0xff;  // 포트 A 를 HIGH로 만듦

// Timer/Counter 1
TCCR1A = (1<<WGM11)|(1<<COM1B1)|(1<<COM1A1);
TCCR1B = (1<<WGM13)|(1<<WGM12)|(1<<CS12);
OCR1B = 300;
OCR1A = 300;
ICR1 =1000;
```

```
// Timer/Counter 4      OC4C(PH5),OC4B(PH4)
TCCR4A=(1<<WGM41)|(1<<COM4B1)|(1<<COM4A1);
TCCR4B=(1<<WGM43)|(1<<WGM42)|(1<<CS42);
ICR4 = 1000;
OCR4B = 300;
OCR4C = 300;
OCR4A = 300;

TIMSK1=0x00;
TIMSK4=0x00;

// USART0 Baud Rate: 9600
UCSR0A=0x00;
UCSR0B=0xD8;
UCSR0C=0x06;
UBRR0H=0x00;
UBRR0L=0x67;

printf("TEST₩n₩r");
delay_ms(100);

while (1)
      {


          printf(" %d₩n₩r",OCR4A);
          delay_ms(200);


      }
}
```

쿼드콥터(Quad copter)의 경우, 4개의 출력이 필요하므로 타이머를 활용해 모터의 포트를 출력하도록 한다. 위의 소스로 모터를 구동할 경우 조종기 신호와 함께 테스트해야만 하며, 만약 모터의 속도가 서로 다를 경우는 변속기(esc)를 캘리브레이션 해야만 한다.

■ **변속기 캘리브레이션(calibration) 방법**

1. 조종기의 스로틀 레버(모드2일 경우는 왼쪽 스틱)를 최대로 올린다.
2. 조종기의 전원을 ON 한다.
3. 수신기 3번 채널에 변속기(ESC)를 연결한다.
4. 모터에서 비프음이 나면 스로틀 레버를 내린다.

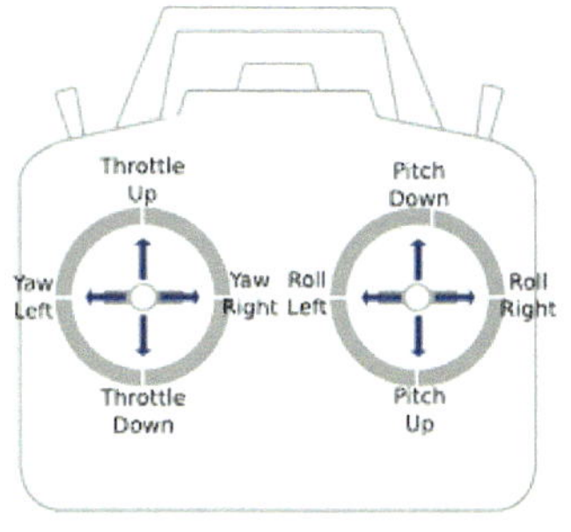

모드 2 조종기 구성

위와 같은 방식으로 대부분의 변속기를 캘리브레이션 할 수 있지만, 변속기 제조사마다 다를 수 있으니, 변속기 매뉴얼을 참조해야 한다.

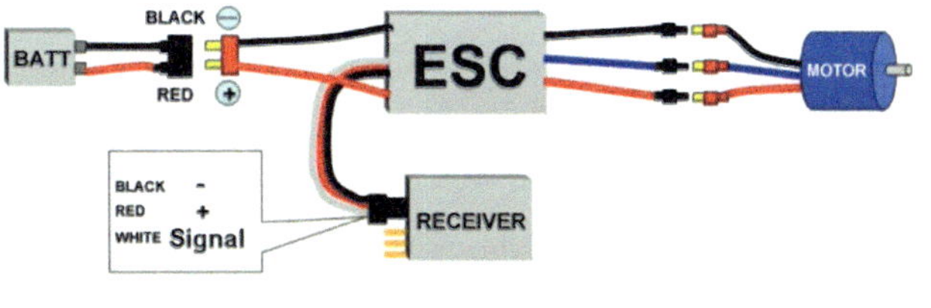

변속기 캘리브레이션을 실시할 경우, 비프음(소리)은 모터에서 생성되는 위상의 변화가 소리로 전달되는 것이며, 스피커나 부저에서 소리가 나는 것이 아님을 알아야 한다.

위와 같은 방식으로 캘리브레이션 하면서 동시에 모터의 회전 방향도 확인하는 것이 개발 시간을 단축할 수 있다. 모터의 회전 방향을 변경할 경우는 모터의 3선 중에서 양쪽의 두 선을 서로 변경해서 연결하면 회전 방향이 바뀌게 된다.

6-3 오실로스코프로 파형 확인하기

오실로스코프는 파동과 같은 주기적인 변화(oscillation)를 시각적으로 보여주는 장비로, 전압의 변화를 신호로 변환시켜 시각적으로 표시해 주는 장치를 말한다.

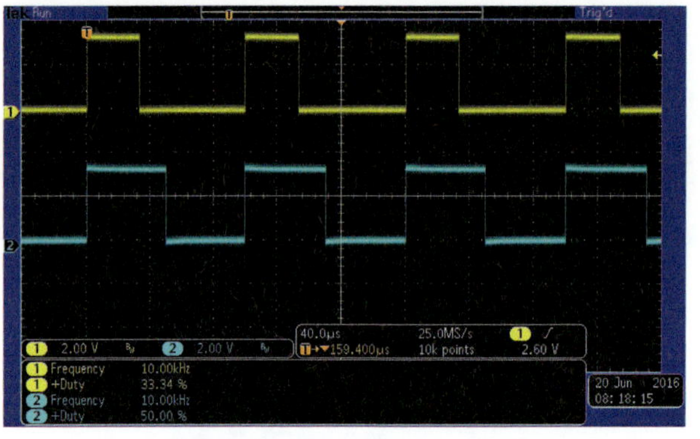

스로틀 채널인 3번 채널을 제외하고 나머지 채널은 기본적으로 1500us 정도의 확인이 된다. pwm값이 2ms를 넘지 않는 범위에서 모터를 구동시켜 보고 pwm값이 넘어간다면 미세조종으로 각 구간의 min, max 값을 분명히 줘서 이상반응이 일어나지 않도록 해야 한다.

7
최종 정리

지금까지의 프로그래밍 순서를 다시 정리해 보자.

1. 조종기에서 수신데이터를 수신기로 받아서 처리하는 방법
2 수신된 PPM 데이터를 캡처히고 출력하는 방법
3. 출력되는 실시간 값들을 PC로 출력하는 방법
4. 센서 데이터를 받아 Raw-data를 받는 방법
5. 원시데이터를 받아 PC로 출력하는 방법
6. 모터 구동을 위해 PWM 신호를 생성하는 방법
7. 생성된 PWM 신호를 PC로 출력하는 방법

위와 같은 플로우를 머릿속에 기억하고 전체적인 흐름을 이해하는 것이 매우 중요하다. 드론의 전체적인 플로우를 그림으로 그리거나 차트로 표현하는 방법을 연습하고 프로그래밍을 하면서 각 부분이 어떻게 구동되며 연계되는지를 생각하면 훨씬 더 유익할 것이다.

7-1 LEE DRONE FC 회로도(부록)

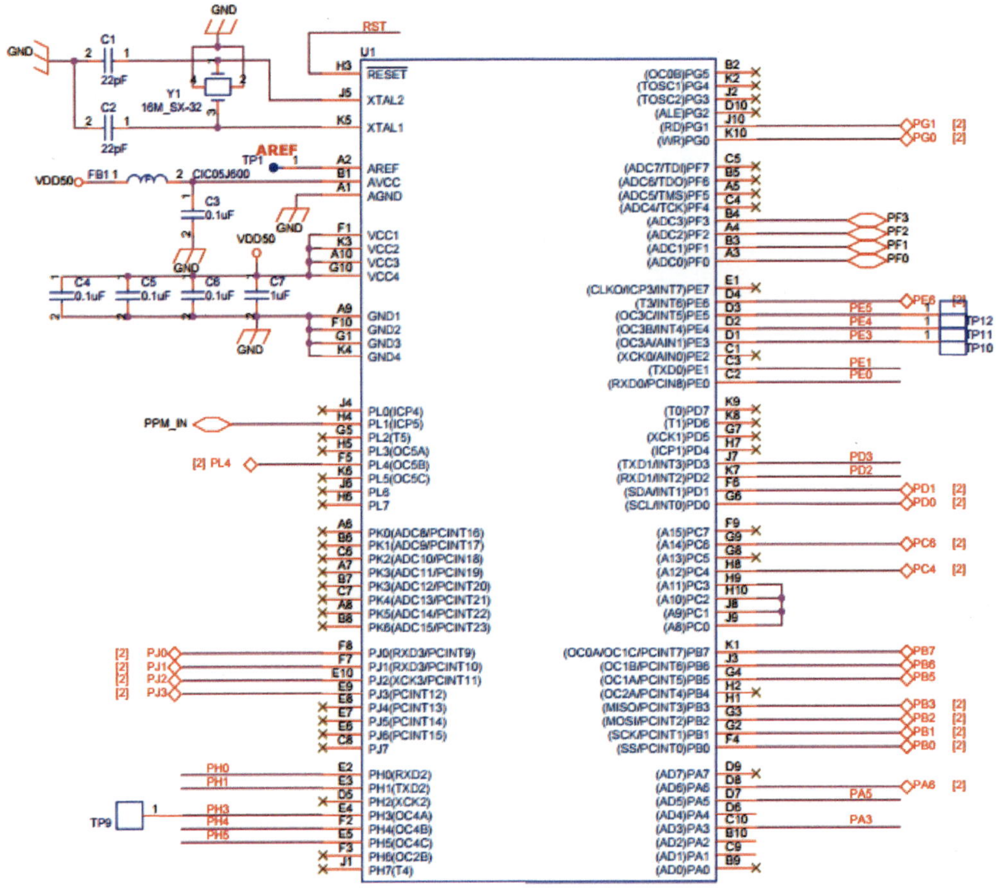

Main mcu에 대한 회로도이다. 회로도는 LEE DRONE FC와 동일하다.

ISP 부분과 5[V]입력 부분 회로도이다.

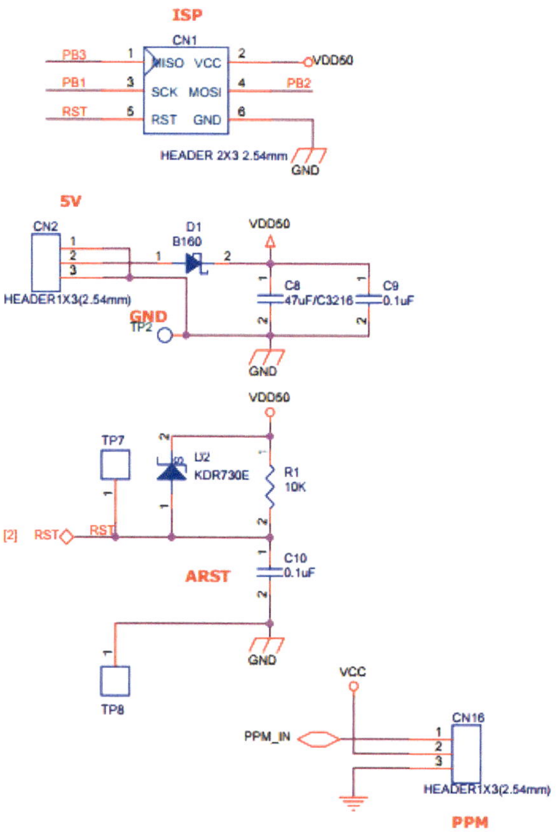

BEC로부터 공급되는 5[V]는 되도록 5[V]에 근접하도록 해야 한다. 예를 들어, 5.5[V]의 전압이 공급되면 센서의 reference가 달라져 기체가 이상 작동할 수도 있다.

가속도와 자이로 센서, 압력 센서의 회로도이다.

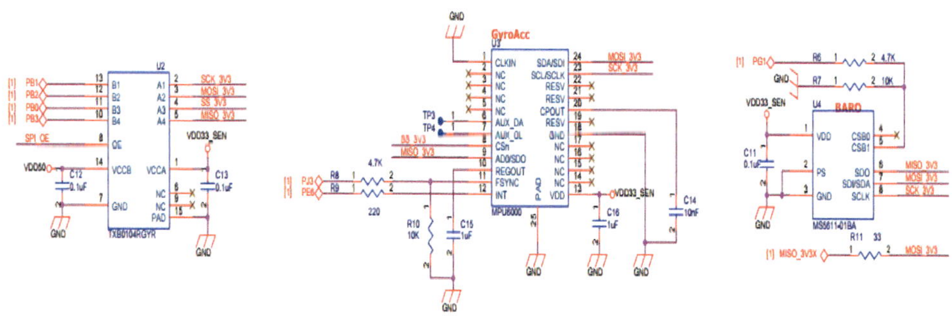

EEPROM 부분과 3.3[V] 레귤레이터 부분 회로도이다.

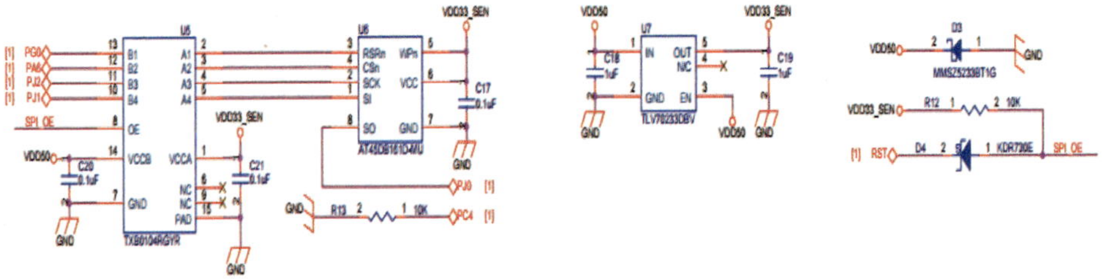

지자기 센서와 레벨 컨버터 부분의 회로도이다. 지자기 센서는 외부에서 장착하도록 별도의 점퍼가 보인다. 통상적으로 최근 출시되는 GPS 모듈에는 지자기 센서가 함께 내장돼 있다. 이런 이유는 위에서도 언급했듯이, 자기장의 방해로부터 좀 더 자유롭게 하기 위해서이며, 내부 지자기 센서를 병행 사용할 경우 별도의 페라이트 코어나 차폐장치를 적절하게 활용하는 것도 방안이다.

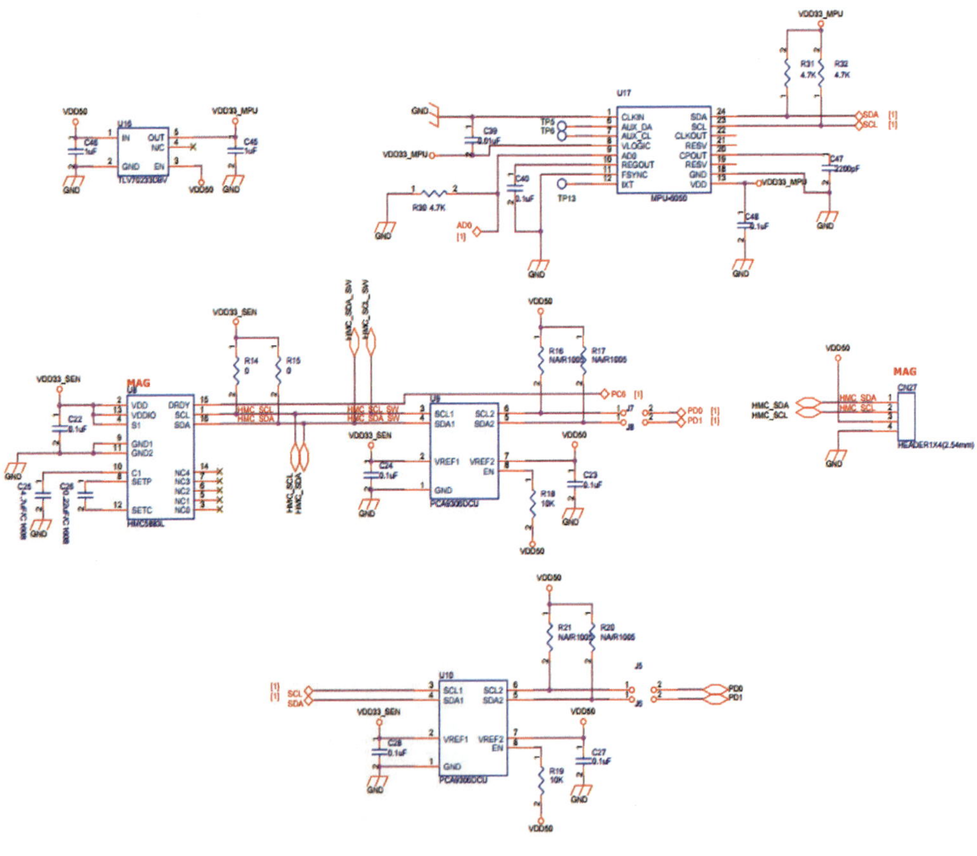

저자소개

이 용 승

- 삼성반도체 연구소 근무
- 게임 음악 감독 및 뮤직 디렉터
- 국내 최초 국산 드론 플랫폼 개발
- 前) 동강대 겸임교수
- 現) 깨비네 대표

저자와의
협의에 의해
인지 생략

드론 전자기초에서 FC프로그래밍까지!!

FUNFUN한 DRONES

2019년 4월 30일 1판 1쇄 발행

저자 이용승
발행인 송광헌
기획/진행 최명규
편집 이여주
표지 문한나

펴낸곳 복두출판사
출판등록 | 1993년 11월 22일 제10-902호
주소 | 서울 영등포구 경인로82길 3-4 807호(문래동 센터플러스)
전화번호 | 02-2164-2580 팩스 | 02-2164-2584
이메일 | admin@bogdoo.co.kr
홈페이지 | www.bogdoo.co.kr

ISBN 979-11-5906-523-1 13550

값 16,000원